图1　栗疫病

图2　板栗白粉病

图3　板栗叶斑病

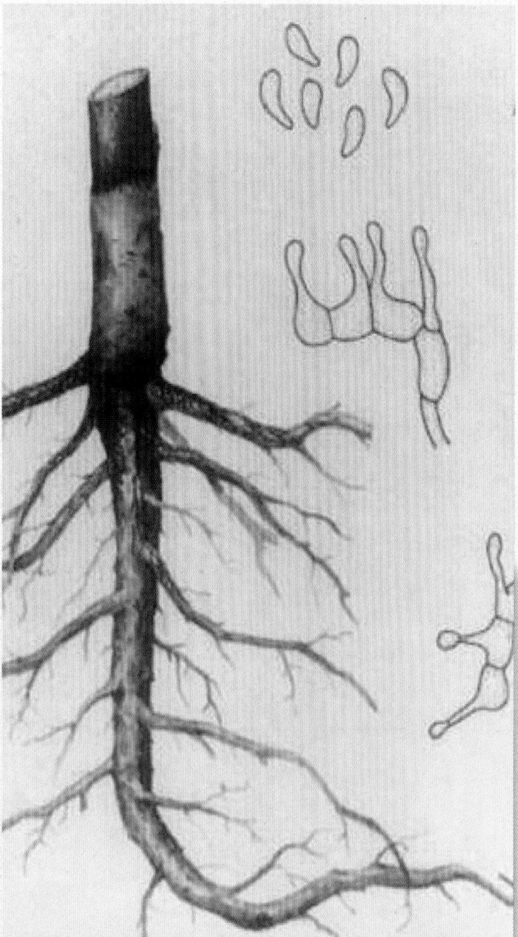

图 4
板栗白纹羽病病根上的羽纹状白色菌索

图 5　栗实霉烂病

图 6　栗实剪枝象

图 7　栗实象甲

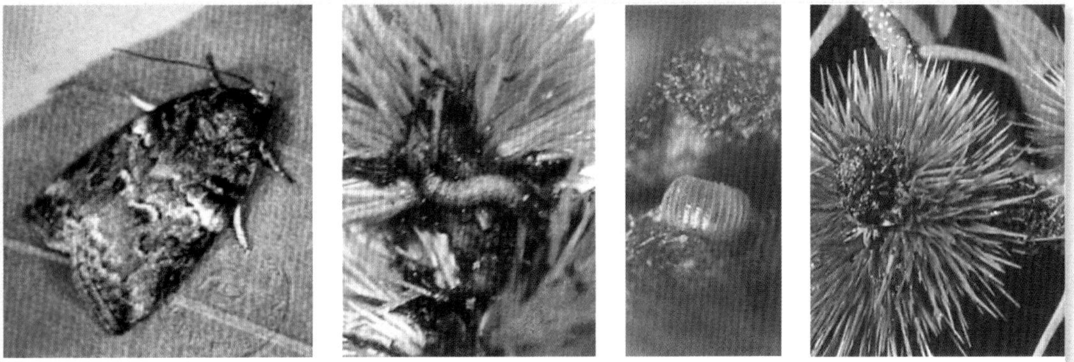

图 8　栗皮夜蛾

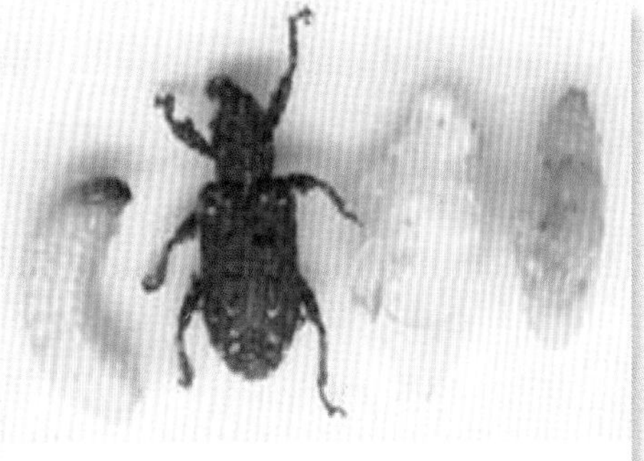

图 9　板栗雪片象

图 10　桃蛀螟

图 11 栗小卷蛾

图 12　板栗窗蛾

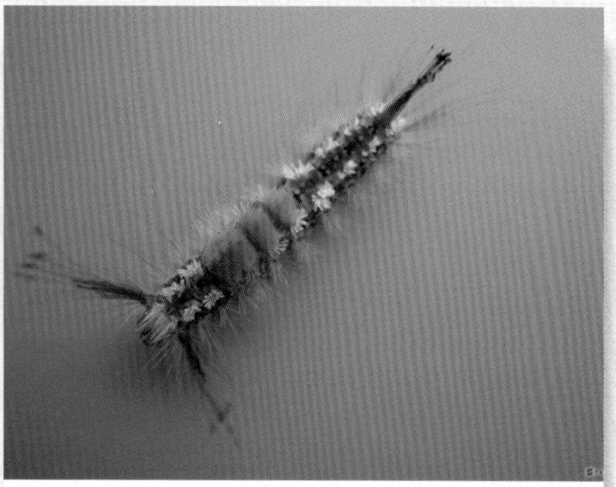

图 13　古毒蛾

图 14　黄刺蛾

图 15　铜绿金龟子

图 16　白星金龟子

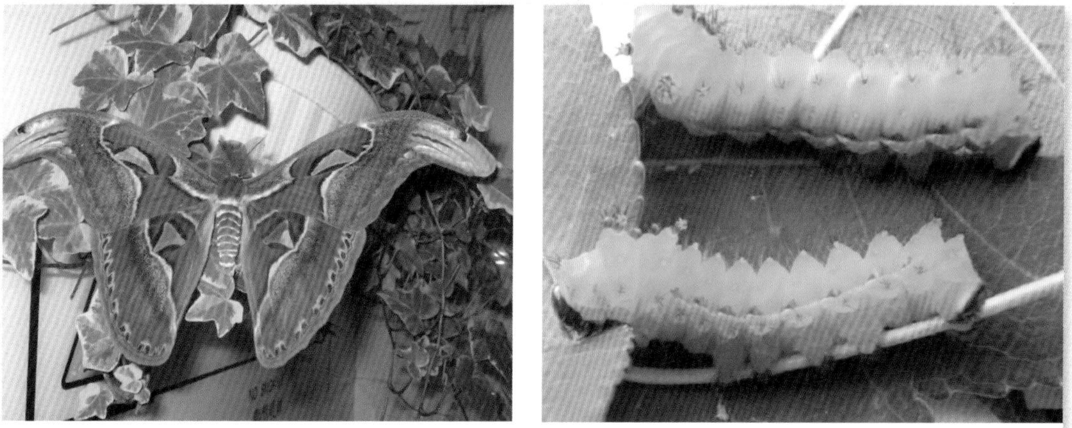

图 17　栗大蚕蛾

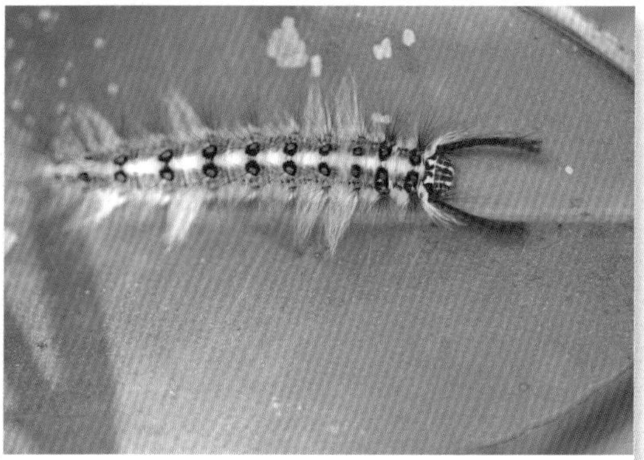

图 18　栗黄枯叶蛾幼虫

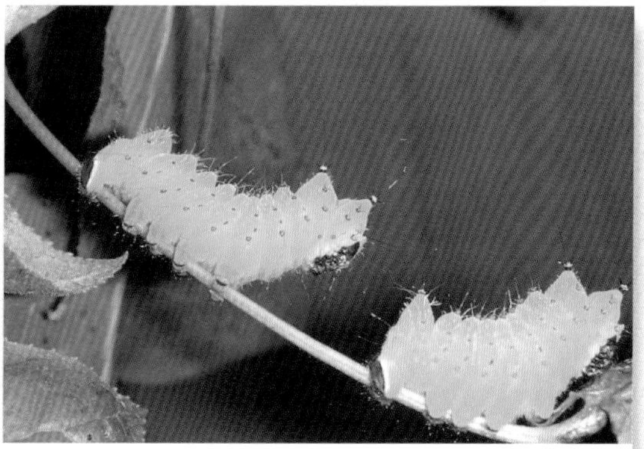

图 19　水青蛾

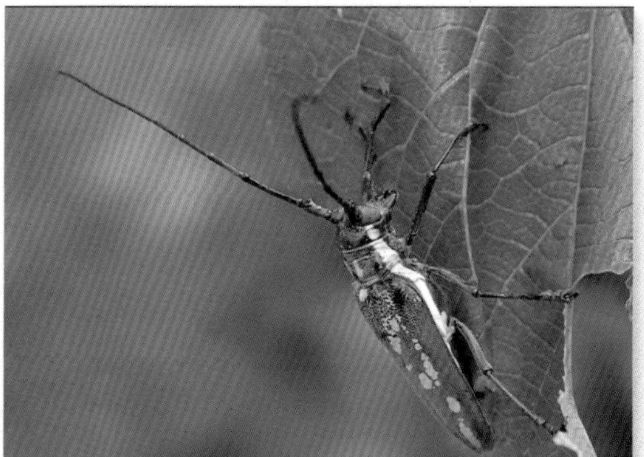

图 20　云斑天牛

图 21　栗透翅蛾

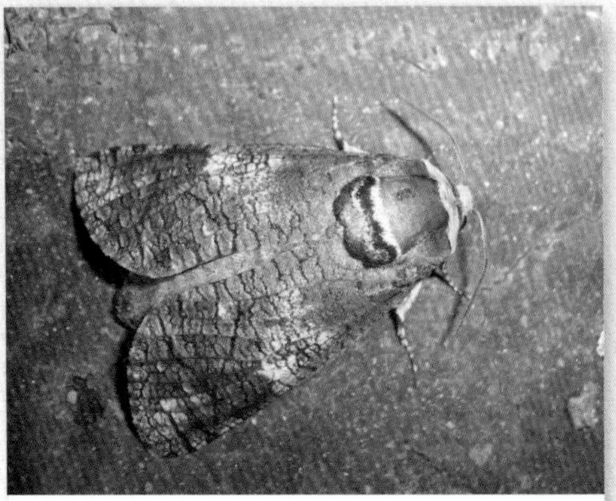

图 22　栎干木蠹蛾

图 23　栗瘿蜂

图 24　栗大蚜

图 25　栗花翅蚜

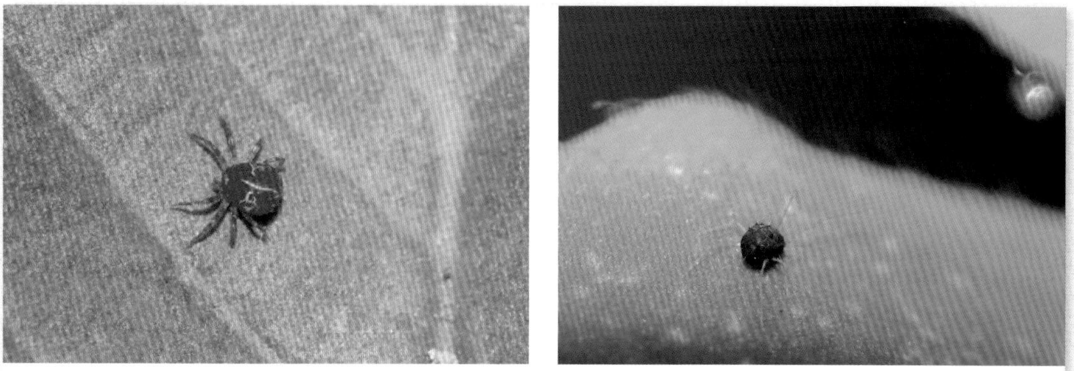

图 26　栗红蜘蛛

图 27　栗绛蚧

图 28　栗叶瘿螨

图 29　蚱蝉

图 30　大臭蝽

一本书明白
板栗
速丰安全高效生产
关键技术

YIBENSHU
MINGBAI
BANLI
SUFENGANQUANGAOXIAO
SHENGCHAN
GUANJIANJISHU

丁向阳　主编

山东科学技术出版社　山西科学技术出版社　中原农民出版社
江西科学技术出版社　安徽科学技术出版社　河北科学技术出版社
陕西科学技术出版社　湖北科学技术出版社　湖南科学技术出版社
中原农民出版社　　联合出版

"十三五"国家重点
图书出版规划

新型职业农民书架·
种能出彩系列

图书在版编目（CIP）数据

一本书明白板栗速丰安全高效生产关键技术 / 丁向阳主编. -- 郑州：中原农民出版社，2018. 8
（新型职业农民书架. 种能出彩系列）
ISBN 978-7-5542-1983-6

Ⅰ. ①一… Ⅱ. ①丁… Ⅲ. ①板栗 - 果树园艺 Ⅳ. ①S664.2

中国版本图书馆CIP数据核字(2018)第175006号

一本书明白板栗速丰安全高效生产关键技术

主　编　丁向阳

出版发行　中原出版传媒集团　中原农民出版社
（郑州市经五路66号　**邮编：**450002）
电　　话　0371-65788677
印　　刷　河南安泰彩印有限公司
开　　本　787 mm × 1 092 mm　1/16
印　　张　12
彩　　插　8
字　　数　190千字
版　　次　2018年9月第1版
印　　次　2018年9月第1次印刷

书　　号　ISBN 978-7-5542-1983-6
定　　价　39. 90元

编 委 会

主　编　丁向阳

副主编　张京政　冯　强

编　者　（按姓氏笔画排序）

丁向阳　王　岩　邓全恩　冯　强
吕世范　许延松　苏丹华　李延军
李全敏　李　雯　李鑫鹏　张东辉
张军营　张京政　张　珂　金　钰
周　苗　周桃龙　赵莲花　姚　峰
高军委　龚　奕　韩宁静　韩建锋

目录
Contents

一、板栗生产现状与前瞻

板栗是我国的重要干果之一。世界主要的4种食用栗（欧洲栗、美洲栗、日本栗和中国板栗）中，中国板栗产量约占世界总产量的50%，而且中国板栗坚果的品质优良。加之中国板栗果形玲珑秀美，风味香甜可口，涩皮易剥离，适宜加工与食用等优点，在国际市场上被誉为“东方珍珠”。由于中国板栗在国际市场畅销，且售价较高，近年来我国板栗发展迅速。

中国板栗以富含淀粉、营养全面而被称为木本粮食。鲜果含淀粉、糖类等碳水化合物40%以上，氨基酸、蛋白质6%～10%，每百克果肉含有维生素C 60毫克，并含有胡萝卜素、维生素B_1（硫胺素）、维生素B_2（核黄素）、烟酸等维生素以及钙、铁、磷等人体必需的矿物质营养。此外还具有《本草纲目》所记载的“益气、厚肠胃、补肾气、令人耐饥”等作用。

板栗是我国出口创汇的重要外贸商品，目前我国板栗年外销量4万～5万吨，主要销往日本、新加坡、菲律宾、韩国、泰国、英国、美国等国家。其中以日本的购买量最大，占总量的80%以上。从世界干果消费预测来看，优质的中国板栗在国际市场上进一步拓展经济贸易的前景将会十分广阔。

世界上主要有4种食用栗。中国板栗，原产并主要分布在中国，品质好，产量高，目前中国板栗年产量约占世界年总产量的50%以上。欧洲栗，原产于亚洲西部，主要分布在欧洲地中海沿岸各国、亚洲西部与非洲北部地区。日本栗，原产日本，主要分布在日本和朝鲜半岛，我国山东沿海地区及辽宁省东部也有少量分布。美洲栗，主要分布在美国东部各州。

1. 我国板栗分布情况如何？

板栗在我国的地理分布

●水平分布。板栗在我国的分布很广，南起海南，北达吉林省的集安，东起山东沿海地区，西至甘肃省，全国共有24个省区有板栗栽培。实际上，在北纬43°11′的吉林省四平市，板栗也可以生长，但冻害严重；在位于北纬43°55′的吉林省永吉县，板栗生长良好并能结实，这与它的盆地小气候有关。虽说板栗分布很广，但主要还是分布在黄淮流域和长江流域。

●垂直分布。板栗的垂直分布差异很大，从海拔不足50米的沿海平原地区，如山东省的郯城，江苏省的新沂、沭阳等地，到海拔2 800米的高原山区，如云南省的永仁、维西地区，均有栽培。我国板栗的垂直分布因地形、气候带不同而有所不同，总的来看，有越向南板栗分布海拔越高的趋势。如在黄河以北的河北省和北京市，板栗多分布在海拔100～400米的区域；在河南省，板栗多分布在海拔600米以下的丘岗山区，在湖北、湖南省，板栗多分布在海拔1 000米以下的山区，在广东、广西、海南等省区，板栗多分布在海拔2 000米以下的山区。

板栗在我国的区域分布 由于板栗生长对土壤pH（酸碱度）有特殊要求，因此在全国的分布具有区域性，凡是土壤pH超过7.5的区域基本没有板栗栽培。如河南省的中部地区土壤普遍呈盐碱性，因此在河南东部和中部地区的盐碱性土壤区就没有板栗分布，也不适合板栗种植。依据生态条件和栽培状况，中国板栗可划分为3个产区（表1）。

表1 我国板栗产区划分

		生态条件	产区范围
Ⅰ	秦岭—淮河以南，长江中下游栗产区	中、北亚热带气候，年平均气温15～18℃，≥10℃积温4 250～4 500℃。年降水量800～1 000毫米，年日照1 900～2 200小时，山地黄壤、黄棕壤、红壤	长江中下游、秦岭—淮河以南，南岭、武夷山、云贵高原以北，包括苏南、浙江、皖南、赣北、豫南、陕南、湖北、湖南
Ⅱ	北方栗产区	南温带气候，年平均气温8～15℃，≥10℃积温3 100～3 400℃。年降水量500～800毫米，年日照2 000～2 800小时，淋溶褐土、棕壤	秦岭—淮河以北，燕山山脉以南，黄河中下游，辽东半岛，包括北京、天津、河北、山西、辽宁、苏北、皖北、山东、豫北、陕北

续表

		生态条件	产区范围
Ⅲ	南方栗产区	中、南亚热带气候，年平均气温 14 ~ 22℃，≥ 10℃积温 4 250 ~ 4 500℃。年降水量 1 000 ~ 1 300 毫米，年日照 1 700 ~ 1 900 小时，山地红壤、黄壤。	南岭、武夷山以南、云贵高原，包括福建、赣南、广东、广西、四川、云南、贵州

2. 我国板栗种植面积及产量如何？

我国板栗主要分布于北京、河北、天津、山西、江西、吉林、甘肃、陕西、云南、贵州、四川、重庆、广西、广东、湖南、湖北、河南、山东、福建、安徽、浙江、江苏、辽宁等 23 个省区。2012 年，23 个省区的板栗种植面积约 2 700 万亩（1 亩 =1/15 公顷），见表 2。根据表 2 各省区种植面积可将我国板栗种植大省分为 3 个梯度。

●种植面积 400 万亩左右的省区。陕西 400.8 万亩，湖北 395.7 万亩，河北 377.6 万亩

●种植面积 200 万亩左右的省区。辽宁 251 万亩，山东 208.5 万亩，安徽 184.9 万亩。

●种植面积 100 万亩左右的省区。河南 144.6 万亩，云南 121.1 万亩，广西 111.3 万亩，浙江 89.6 万亩，福建 85.3 万亩，四川 64.6 万亩，北京 60.3 万亩。

表 2　我国主要板栗种植省区 2012 年种植面积（万亩）

省区	种植面积	省区	种植面积	省区	种植面积
陕西	400.8	广西	111.3	广东	13.6
湖北	395.7	浙江	89.6	江西	12.7
河北	377.6	福建	85.3	江苏	10.7
辽宁	251.0	四川	64.6	甘肃	8.1
山东	208.5	北京	60.3	天津	5.8
安徽	184.9	贵州	52.2	吉林	1.2
河南	144.6	重庆	49.6	山西	1.0
云南	122.1	湖南	44.1		
合计	2 694.3				

2012 年，我国 23 个板栗种植省区的总产量约为 195 万吨，见表 3。2000 年以后，各山区开始大力发展板栗产业，自 2006 年起中国板栗产量以每年 10% 的速度递增，全国板栗总产量由 1991 年的 11.7 万吨发展到 2012 年的 190 多万吨，板栗成为继苹果之后发展最为迅速的果品之一。在我国形成了山东泰沂山区、河北和北京的燕山山脉、豫皖鄂的大别山区等板栗主产区，其中山东、河南、湖北、河北为四个产栗大省。

表 3　我国主要板栗种植省区 2012 年产量（万吨）

省区	产量	省区	产量	省区	产量
湖北	27.3	云南	9.2	广东	1.6
山东	25.6	湖南	7.2	重庆	1.4
河北	24.6	陕西	7.0	江苏	1.0
广西	17.8	浙江	6.0	甘肃	0.2
安徽	16.8	贵州	3.2	天津	0.1
河南	14.9	四川	3.2	山西	0.1
辽宁	12.1	北京	2.9	吉林	0.1
福建	10.1	江西	2.5		
合计	195				

3. 我国板栗市场需求如何？

2010 年前后，仅河北迁西板栗国内销售就突破 3 万吨，在国内 130 多个大中城市建立了稳定的销售网络，销售网点达 800 多家。国际市场上，迁西板栗常年出口 1 万吨以上，稳居国内县区板栗出口量的首位，产品覆盖欧洲、北美及东南亚等地区。

国内市场　我国是一个有 13 亿多人口的大国，目前板栗产品除供出口外，人均占有量不足 0.1 千克，与日本等国比，差距很大（日本人均达到 0.65 千克）。由于板栗是季节性、区域性的产品，市场的覆盖面受到一定限制，一些沿海地区、大中城市和不产板栗的地方，非常渴望常年有板栗或板栗制品供应，市场供不应求。随着人民生活水平的不断提高，国内市场对板栗的需求还将日益扩大。同时随着科学技术的发展，板栗保鲜和深加工技术的突破，以板栗做原料的加工消耗也将大量增加，必将使板栗变成常年性、全国性、高档次、高质量、多花色的栗制食品，能够在宾馆、饭店、居民的餐桌上和商店里常年出现。

板栗不仅是副食品，还是木本粮食。据联合国粮食及农业组织提出的解决世界人口增多，耕地减少，粮食缺口大，生态环境不平衡的问题，需要利用木本粮食补充草本粮食，因而对板栗的需求将会更大。

国际市场 世界板栗生产中，由于栗疫病蔓延，使板栗生产受到严重威胁，例如原占美国森林面积1/3的美洲栗受此病危害，已濒临灭绝。美国现在几乎不生产板栗，而每年板栗销售额可达3 000万～5 000万美元。世界主要产栗国意大利、西班牙和法国，在过去的半个多世纪中，也因栗疫病和黑水病的侵害，现有的产量已不足原来的1/10。意大利一面出口板栗，一面又进口供加工使用的板栗和速冻板栗。澳大利亚、新西兰的板栗全依赖进口。日本近年来因栗瘿蜂危害，产量一直下降。世界板栗市场货源一直紧俏。近年来，板栗被世界作为低脂肪、低硫、高蛋白质的健康食品，欧美国家正在掀起拯救、恢复和发展板栗的热潮，但是实现这一目标，尚需一定的时间。这对于我国发展板栗、提供出口来说，也是一个良好的机遇。

我国板栗以果形秀美、风味独特、涩皮易剥为世界所称道，并被誉为“东方珍珠”。日本是我国板栗的主要外销市场，我国板栗在日本备受欢迎，出口量大，单价高。目前，我国出口到日本的板栗只能满足日本市场的1/3左右，长期处于供不应求状态。另外，我国板栗还部分销往港澳地区以及新加坡、菲律宾、泰国、韩国等国家。随着我国进一步对外开放，板栗国际贸易市场前景将会更加美好。

4. 我国板栗安全速丰产高效生产的前景怎样?

我国传统板栗产业，还处于发展初级阶段。正确认识这一特征，对做好工作很重要。党中央、国务院高度重视发展经济林产业，2009年6月，中央林业工作会议明确指出，加大林业产业扶持力度，特别要着力发展板栗、核桃、油茶等木本粮油作物，加快山区综合开发步伐，尽快形成有区域特色、竞争力强的产业集群，全面提高农民经营林业的经济效益。2010年中央1号文件强调，要积极发展木本粮油作物，缓解我国人多地少、粮油供需矛盾突出的问题，确保国家粮油安全。近些年国家进一步加大了对名特优经济林产业，特别是木本粮油产业的政策扶持，加快板栗产业发展面临着良好机遇。

由此也可以看到，我国板栗产业发展潜力较大：①林地资源挖掘潜力。与相对有限的耕地资源相比，在发展经济林方面可挖掘的潜力较大。②单产提高潜力。由于板栗良种率低、管理粗放等原因，造成单位面积产量较低，目前我国板栗平均单产仅 52 千克 / 亩，而山东费县则高达 200 ～ 300 千克 / 亩，可见，我国板栗单产提高潜力巨大。③是生产加工潜力。我国板栗目前仍以粗加工为主，产品品种较少，加工转化率为 20% ～ 30%，而发达国家则为 90% ～ 95%，我国板栗精加工尚有很大潜力。④市场销售潜力。我国板栗产量稳居世界首位，但目前仍以内销为主。曾占据国际市场主导地位的欧美栗，因种植粗放和长期受栗疫病困扰等原因，生产持续衰退，为中国板栗进军国际市场提供了难得的历史机遇。

国家林业局、国家发展改革委员会、财政部联合印发的《全国优势特色经济林发展布局规划（2013—2020 年）》，确定以燕山山区、沂蒙山区、秦岭山区、伏牛山区、大别山区为板栗的核心产区，其他地区为积极发展区。在 18 个省区发展 125 个重点基地县；明确了板栗产业的发展目标，即到 2020 年，优势区板栗面积稳定在 130 万公顷以上，占全国种植面积的 60% 以上，年产量达到 230 万吨，占全国总产量的 70% 以上。

5. 我国板栗安全速丰高效生产的意义是什么？

板栗是高效产业　大力发展板栗产业，意义十分重大。板栗营养丰富，具有较高的食用和养生保健作用，不仅可以直接食用，而且可以加工制作各种糕点等。糖炒栗子是我国传统的食用加工产品，具有浓郁的板栗芳香，深受消费者的喜爱，糖水栗子罐头、速冻板栗仁、板栗粉等也是板栗加工的主要产品。此外，以板栗为原料，还可以生产板栗花茶、板栗酒等。板栗作为经济树种栽培，具有投入少、易管理、见效快、经济效益高的特点。板栗为深根性树种，耐寒、耐干旱、耐瘠薄，对土壤、地势的适应性强，是水土保持及改良林地土壤的优良树种，可以在丘陵、山地广泛种植，具有很好的生态效益。发展板栗产业，在繁荣农村经济和解决农民就业增收中还可以发挥重要作用。据不完全统计，我国目前常年从事板栗生产的有 500 多万人，按 2009 年的全国平均单产算，以每人经营 5 亩计，栗农人均年纯收入在 1 600 元左右；仍以每人经营 5 亩计，按山东省平均单产，人均纯收入可达 4 000 元以上；若按山东费县的经营水平算，则人均年纯收入可高达 10 万元以上。河北省迁西县通过实施“围山转”工程，有力地促进了荒山绿化，板栗产业得到了快速发展，全县板栗栽培面积达70万亩，年产值达8亿元，成为农村经济的一大支柱产业，农民增收致富的重要途径。近些年来，各地坚持板栗品牌发展战略，板栗产业正进入增速提质阶段。从2000年河北省迁西、辽宁省宽甸、安徽省金寨等8个县成为第一批“中国板栗之乡”以来，到目前全国共有二十多个“中国板栗之乡”。同时，各板栗之乡加强板栗地理标志品牌建设，燕山板栗、莒南板栗、天津板栗、丹东板栗、京东板栗、罗田板栗、集安板栗等均获得了国家板栗地理标志，打造了板栗地域品牌，极大地促进了区域经济发展。

板栗是创汇产业 中国板栗色美味香，淀粉和糖类含量高，营养丰富，被称为“东方珍珠”、“人参果”，远销日本、新加坡、马来西亚、泰国、韩国、加拿大、美国、英国和法国等国家。出口产品主要分两大类：一类是“京东板栗”，商品名为“天津甘栗”、“河北甘栗”，坚果玲珑，肉质细腻，香、甜、糯俱备，属炒栗型，用糖炒食用，主要销往东南亚各国。第二类是南方菜栗，果大，淀粉含量高，主要用于加工板栗食品。2009年，我国板栗产量达到162万吨，占全世界总产量的76.5%。全国从事板栗生产、加工和销售的企业有620余家，板栗出口4.66万吨，创汇4.3亿元，板栗出口占国际市场的40%左右。因此，大力发展板栗是增加出口创汇的重要途径。

板栗生产关系到国家的粮食安全 我国与其他国家最大的不同是人口众多，粮食安全问题一直是事关我国社会稳定和经济发展的重大问题，在木本粮油上另辟蹊径，是促进我国农业可持续发展、维护国家粮食安全的一项战略选择。随着工业化和城镇化进程的加快，可用耕地仍将继续减少，宜耕后备土地资源日趋匮乏，今后扩大粮食播种面积的空间极为有限。发展板栗既可以增加粮食生产能力，也是保证国家粮油供给的一种很好的补充，同时可以减轻我国对于耕地的依赖性。以目前我国板栗种植的规模和产量看，完全可以减少对粮油产品进口的依赖，节省外汇，维护国家的粮食战略安全。

6. 目前我国板栗生产存在哪些主要问题?

虽然近年来我国板栗种植面积和产量突飞猛进，呈迅猛上升势头，但优质板栗生产却少之又少。据统计，目前我国优质板栗不足总产量的30%。主要存在以下几个方面的问题。

品种混杂，良莠不齐，结构不合理，良种观念淡薄 优良品种是板栗优质高产的关键。我国板栗品种资源十分丰富，丰产、早熟、耐储藏品种不计其数，但不少地区对良种认识不足，对良种的市场潜力估计不到，盲目采种，盲目种植，板栗品种结构不合理，有的地方集中种植菜用栗，有的地方则单纯发展鲜食栗，对加工品种缺乏相应的研究和开发。在一些地区，群众利用实生苗繁殖，造成变异大、结果晚，产量不稳定，单株间差异显著；利用嫁接繁殖时随意采条，致使单株空苞严重，品质差，产量低。多数地区没有认真建立品种穗圃园，没有品种规划，造成一园多种，变异性很大。有的存在同物异名现象，品种名称各地差别很大。因此品种选优不够也是板栗低产的重要原因。

建园粗放，管理粗放，单位面积产量低 板栗建园普遍存在苗木质劣、实生栽植、株行距过大、单位面积株数太少、疏密不均、分散种植等问题。生产上普遍存在管理粗放现象，缺乏早产丰产栽培技术，缺乏修剪意识，形不成早期产量，进入丰产期时间长，结果晚，单产低。目前，大部分栗产区产量的增长主要是靠扩大栽培面积来实现的，而单位面积产量不高则是板栗生产中的普遍问题。据有关资料介绍，目前全国板栗亩产不足 30 千克，而国外高产典型产量则是我们的 10 倍以上。有的几十年的大树不结果，有的结果株产量只有几千克。板栗低产，虽然与其生长结果习性有一定的关系，但科学技术普及不够仍是主要原因。主要表现是实生树较多，有的十几年或者几十年的树不嫁接，任其自然生长，有栗则收，无栗则罢。这种情况低产地区尤为突出。不少地方虽有嫁接的习惯，但普遍嫁接较晚，据调查还有 30％左右的实生树不嫁接。实生树不仅结果晚，结果小，且成熟不一致，空苞严重。嫁接树也很少连年修剪整形，因而低产。再就是栽培管理粗放，栽培管理水平比较低，不能适地适树，造林质量差。我国板栗适应性、抗逆性强，这是一大特点，但是人们往往把这一特点看成是板栗可以不注重管理的依据。由于这种观念的影响，栗农对于板栗矮密早丰栽培模式、连年整形修剪、降低空苞率、增雌减雄、施磷喷硼、老树更新和病虫害防治等增产技术没有认真应用，对板栗的增产潜力没有认真挖掘。

病虫害严重 由于管理粗放，疏于防范，板栗病虫害发生严重，虫害尤其严重，栗实象甲和剪枝象危害最重。在一些地方，虫果率可达 30% ～ 50%，严重的可达 80%，栗实品质严重受损，产量下降。近年来，随着环境的恶化，板栗病虫害发生也越来越严重，不仅表现在数量增多，而且害虫的种类也越来越多，发生范围有扩大的趋势。

缺乏采后技术和储藏加工技术 先进国家栗园，栗实收获后除了部分就地上市销售外，大量用于储藏和加工。出口的栗实都进入工厂，经过清洗、分级、抛光、包装后冷藏保鲜，经过处理的栗实大小均匀，外观鲜艳光亮，商品质量高。而我国板栗采后处理简单，商品质量与之相差甚远。目前虽有加工产品，但档次和规模仍然不够，加工技术滞后。我国是板栗的主产国，搞好板栗加工意义重大，通过深加工可以延长产业链条，扩大产品的市场覆盖面和产业带动面，可以改善板栗市场商品供应的结构，同时能解决板栗储藏运输困难。但是目前板栗系列加工非常滞后，市场供应和出口都是以鲜板栗为主，板栗加工产品不到总产的30%，有些加工产品也多是低水平的重复，不能满足现代市场的需要。由于板栗大批量保鲜比较难，一到上市季节，量大成灾，过后又很难买到。这种状况，不仅市场上难以做到四季均衡供应，且栗农也有较大的风险，更重要的是失去了板栗的增值效益，这是一个需要认真研究解决的问题。

板栗生产作为农村经济的一项支柱产业还很脆弱 目前就全国范围而言，占领市场的名牌板栗产品较少，出口外向型产品更少，国际市场意识普遍不够，包括以板栗为主要原料的深加工系列产品数量和质量都有待进一步提高。对板栗产品的宣传和营销策略也跟不上国际国内市场的发展需求。

7. 针对存在的问题可以采取哪些对策?

调整品种结构，实现良种的区域化规模栽培 必须坚持走良种化道路，加快老品种的更新。在现有良种基础上，增加丰产、优质的大果型品种以及早熟、加工专用品种的比重。优质板栗生产要重点选育和推广果肉壳层单宁细胞少、果肉硬度低、渗糖速度快的品种。通过合理规划品种布局，选育和建立加工适性的品种基地，加大良种苗木的繁育，老林区采用高接换优技术，逐步实现板栗栽培的良种化。

大力推行集约化管理技术，提高板栗产业中的科技含量 通过科技推广、科普工程和其他渠道，加强技术培训，进一步开发研究和推广良种栽培、矮化密植及其他优质丰产栽培新技术，提倡建立高效优质生态园，通过合理密植和病虫害生物防治等措施，提高土地利用率，减少直接成本，改善生态环境，注重采后处理和储藏保鲜及加工技术，改善储运条件，逐步实行产地分级包装冷藏集装箱运输，降低产后损失，提高良种板栗商品价值，增加生产效益。

建立销售市场，运用名牌战略，促进内销外贸 板栗是大众化食品，国内外市场较为广阔，但随着产量的迅速增加，市场竞争日趋激烈，因此建立有效销售市场，拓宽板栗销售渠道是今后板栗产业发展的重要任务。目前在豫南地区，已有不同规模的板栗市场形成，影响扩大到周边省市，但规模还不够，也缺乏政府相应的疏导和科学管理。我们要运用各地优质板栗知名度提高的契机，建立健全板栗销售市场和服务体系，有力促进我国板栗的内销外贸。

积极搞好系列化开发，提高产业化水平，进一步增加经济效益 目前我国的板栗加工产品从数量到类型都还很少，优质高档加工产品更少。要根据国际、国内消费市场需求，进一步开发优质深加工品种，使板栗加工产品向保健型、营养型等多功能、高档次发展，同时要扩大规模，占领国内外市场，并以此带动和促进板栗产业的健康发展。板栗副产品的开发，潜力很大，仅栗壳一项开发出来就效益明显，它含单宁，可以提炼栲胶，是解决目前栲胶原料不足的途径，还可以加工活性炭，同时可以培养栗蘑。栗蘑是一种珍贵的食药两用真菌，营养丰富，含有8种人体必需的氨基酸且含量很高，在国际市场非常走俏，很有发展前途。1吨板栗的栗壳培养栗蘑的产值大约相当于1吨板栗的产值。一个劳动力一年可以培养1万袋栗蘑，收入8 000～10 000元，如果充分利用起来，这也将是栗农的又一大收入。

8. 发展板栗想获得高效益应该把握哪些原则？

选择最适应区和最适应土壤栽种 要获得较高产量和品质，应该选择最佳适应区和最适应土壤，避免走弯路。因此，在发展板栗时，要考虑当地的气候与小环境，看是否是最适应区。

规模化、标准化 零星种植难以形成产业，管理不能实施标准化，效益低下，实现产业规模化、标准化有利于提高种植户的效益。

优良品种 影响口感、色泽、果个、耐储存这些消费者注重的果品商品性因素较多，但是品种优良是基础。科学管理、先进技术的应用可改变粗放管理模式，对提高板栗品质与产量，增加效益较为关键。

果品商品化处理，采后储存与加工 果品采后进行分级和精美包装有利于提高果品档次，提高售价；采后储存与加工，可以增加果品的附加值。

销售 不仅要种好，还要卖好。建立和壮大销售队伍，形成专业的销售队伍，有利于产业化发展。

安全标准 要按照安全生产标准，生产出人们放心的安全果品。

9. 什么叫板栗标准化生产？为什么要进行标准化生产？

板栗标准化生产，就是按照市场和消费者的要求而制定质量等级标准，在生产的全过程中，按照一系列生产技术标准进行管理，生产合格的产品，适应市场需要，以提高经济效益。

GB
中华人民共和国国家标准
GB/T 22346—2008
板栗质量等级
Quality grade of Chinese chestnut
2008-09-02 发布 2009-03-01 实施
中华人民共和国国家质量监督检验检疫总局 中国国家标准化管理委员会 发布

板栗国家标准

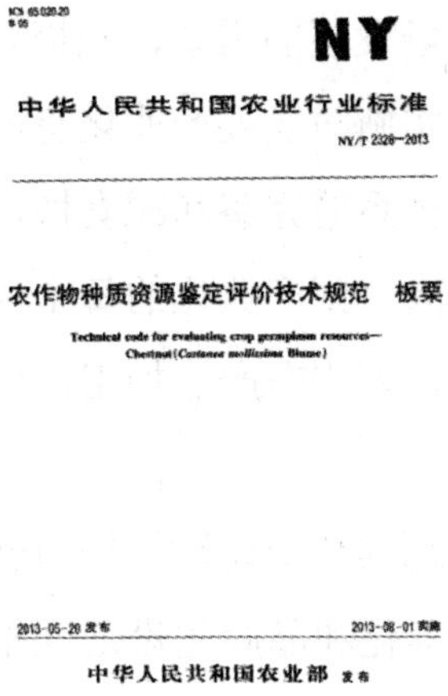
NY
中华人民共和国农业行业标准
NY/T 2328—2013
农作物种质资源鉴定评价技术规范 板栗
Technical code for evaluating crop germplasm resources—Chestnut (Castanea mollissima Blume)
2013-05-20 发布 2013-08-01 实施
中华人民共和国农业部 发布

板栗行业标准

DB
北京市地方标准
DB11/T 332—2005
板栗无公害生产综合技术
Comprehensive technique of chestnut nuisanceless production
2005-12-27 发布 2006-03-01 实施
北京市质量技术监督局 发布

板栗地方标准

任何一种商品都要有一定的规格，按照规格分类，才能达到商品的一致性，一致的商品便于以质论价。在欧美和日本这样农业高度现代化的国家，都是以高度的标准化生产为基础的。日本的农产品生产从播种到收获、加工整理、包装上市都有一套严格的标准。正由于标准化水平高，日本农产品的市场竞争力极强，价格很高，一般相当于我们同类产品价格的 10 倍左右。农产品实现了标准化，就能够提高商品竞争力，这是市场需要。同时产品质量标准是实现商品一致性的准绳，是提高产品信誉度和增值的有效措施，在数量竞争转向质量竞争之际尤为重要。

10. 板栗标准化生产的现状与对策有哪些？

长期以来，我国农业标准化工作比较薄弱，缺乏统一的标准与体系和规划建设，标准水平低，与国际标准存在较大差距。特别是板栗栽培技术水平很低，才由零星分散、只种不管的种植模式向规模化、成园种植模式转变。尽管一些地方也制定了一些生产规程，但是距真正的标准化生产相去甚远。从总体上来看，面对农业结构性调整，面对农产品全球性竞争越演越烈的新形势，我国标准化工作明显跟不上形势的发展。如质量安全标准普遍低于国际标准，使农产品的出口受到严重影响；农业标准体系不够健全，监测机构和法律法规体系不完善；监测手段落后，现代化装备水平低，缺乏客观、公正、科学的依据，从而导致产品分级不严，质量不高，安全性较差，掺杂使假现象严重。因此，标准化生产任重道远。从我国农业标准化工作的实际情况和面临的新形势来综合考虑，板栗标准化当前应切实加强以下三个方面工作。

紧紧围绕板栗产业化市场发展的需要，积极开展板栗标准化生产。在具体实践中，要把板栗标准化的实施与发展产业化有机结合起来，各项技术标准、工作标准、管理标准有利于体系的完整和配套性，更注重先进技术推广和果农便于操作。要把板栗标准化渗透到产业化的每个环节中去，从品种、苗木、产地及生产过程的标准化抓起，逐步在产品加工、质量安全、储藏保鲜和批发销售等环节标准化管理。

充分发挥板栗质量等级标准化的作用，努力创建品牌。创建品牌是板栗产业化的“牛鼻子”，板栗标准化和品牌建设是互相促进、密不可分的关系。板栗标准化应围绕区域板栗如何形成品牌，形成规模，增加产量，提高质量，创建品牌，扩大市场方面做文章。同时注意产品质量安全问题。

建立相应的标准化推广体系。板栗标准化需要推广和实施，才能够变成现实的经济效益。建立标准化推广体系是板栗标准化工作的重要环节。板栗标准化推广体系至少应包括宣传、科技、监督检查、示范、信息咨询服务等体系的建设。

11. 什么是板栗规模化产业生产?

板栗规模化生产的实质，是着力解决在社会主义初级阶段和社会主义市场经济条件下农业小生产和社会化大生产的矛盾，解决农村联产承包责任制与社会主义市场经济体制相衔接的问题，解决增加农产品有效供给与农业比较利益间的矛盾，解决农户分散经营与提高规模效益的矛盾。板栗产业发展要运用工业化的思维，要走工业化的路子。首要的问题就是要把基地建设作为整个板栗产业化的“第一生产车间”来建，解决农民一家一户生产与规模化的矛盾，从根本上实现和提升板栗产业化。板栗规模产业化是作为一种新的发展战略提出来的，它是指在农业家庭经营的基础上，通过组织引导一家一户的分散经营，围绕主导产业和产品，实行区域化布局、专业化生产、一体化经营、社会化服务、企业化管理，组建市场牵龙头、龙头带基地、基地连农户，种养加、产供销、内外贸、农工商一体化的生产经营体系，具有鲜明的中国特色，是今后我国板栗产业必然要走的道路。

集体林权制度改革为板栗规模化产业化生产创造了条件。板栗规模化产业化生产是市场发展的需要，有利于实现标准化生产，便于创建品牌、提高效益。

12. 现阶段板栗规模化产业生产的具体形式有哪些？

家庭农场 家庭农场是指以家庭成员为主要劳动力，从事农业规模化、集约化、商品化生产经营，并以农业收入为家庭主要收入来源的新型农业经营主体。

2013 年“家庭农场”的概念首次在中央一号文件中出现，文件提出，坚持依法自愿有偿的原则，引导农村土地承包经营权有序流转，鼓励和支持承包土地向专业大户、家庭农场、农民合作社流转，发展多种形式的适度规模经营。

当前，我国农业、农村发展进入新阶段，要应对农业兼业化、农村空心化、农民老龄化，解决谁来种地、怎样种好地的问题，急需加快构建新型农业经营体系。家庭农场作为新型农业经营主体，以农民家庭成员为主要劳动力，以农业经营收入为主要收入来源，利用家庭承包土地或流转土地，从事规模化、集约化、商品化农业生产，保留了农户家庭经营的内核，坚持了家庭经营的基础性地位，适合我国基本国情，符合农业生产特点，契合经济社会发展阶段，是农户家庭承包经营的升级版，已成为引领适度规模经营、发展现代农业的有生力量。

纵观世界各国农业生产经营，没有不以农户为主的。农业搞得再好也还是以农民家庭为主，只不过规模大小有差异。从目前发展情况看，我国的家庭农场发展还处于初期，由于刚刚起步，家庭农场的培育发展还有一个循序渐进的过程，家庭农场要作为现代农业的突破口，还需要进一步发展壮大。近年来，上海松江、湖北武汉、吉林延边、浙江宁波、安徽郎溪等地积极培育家庭农场，在促进现代农业发展方面发挥了积极作用。

发展家庭农场是提高农业集约化经营水平的重要途径。家庭农场的适度规模经营，克服了小农分散经营的缺点，提高了农业生产力；随着农业生产力的提高，又必然促使农业劳动力减少并向非农产业转移，从而使农民收入不断增加。

板栗专业户 板栗专业户是指中国农村中专门或主要从事板栗生产活动的

农户。专业户是20世纪80年代在中国农村兴起的，他们把专业化的商品生产与家庭经济有机地结合起来，有自主权，利益直接。专业户是以专业生产的产品量较大，商品率较高，收入在家庭经济中的比重较高为特征。

专业户的兴起，对于农村社会经济面貌的改变具有重大的意义：①专业户都是商品生产者或直接间接为板栗商品生产服务的。他们有文化、有种植技术、善经营，能较好地把生产力的各种要素组合起来，使自然资源、生产设备、劳动力、资金和技术得到充分利用，推动生产向广度和深度进军，从而大大促进板栗生产发展。②专业户是农村生产走向广泛的分工分业的产物。专业户的不断产生和发展，势必进一步推动农村生产的专业化和社会化，推动生产的协作和联合。③为了获得较高的劳动生产率和商品率，取得较好的经济效益，专业户必然要采用相对先进的生产工具和生产技术，会起到很好的示范作用，有利于农业机械和科学技术在板栗生产中的推广应用，加速板栗产业现代化的进程。④板栗专业户勤劳致富，收入较高，是农村中先富裕起来的一部分人。在他们的带动和帮助下，其他农民也会更快地富裕起来。

板栗专业合作社 板栗专业合作社是以农村家庭承包经营为基础，板栗的生产经营者或者经营服务的提供者、利用者，自愿联合、民主管理的互助性经济组织，是通过提供板栗产品的生产、销售、加工、运输、储藏以及与农业生产经营有关的技术、信息等服务来实现成员互助目的的组织，从成立开始就具有经济互助性。拥有一定组织架构，成员享有一定权利，同时负有一定责任。农民专业合作社依照《中华人民共和国专业合作社法》登记，取得法人资格。

13. 无公害果品生产的标准有哪些?

无公害果品是指果树的生长环境，生产过程以及包装、储存、运输中未被有害物质污染，但符合国家标准的果品。无公害果品以安全、优质、营养丰富为特色，在国外市场备受欢迎。无公害果品生产有严格的标准和程序，主要包括环境质量标准、生产技术标准和产品质量检验标准。果品的污染源主要来自环境污染和生产污染两个方面。环境污染牵涉到政策、资金、技术等诸多问题，一时尚难以进行全面治理，只能是逐步改善，我们可以选择污染极轻的地方作为生产基地。生产污染主要是人为造成的，只要在果品生产的各个环节中采取先进的科学的管理措施，因地制宜地制定优质果品的生产管理技术，特别是严格限制农药和肥料的使用，就可以控制污染。生产无公害果品应对其安全性和商品性进行检测，符合标准的方可称为无公害果品或绿色食品。

果品安全性测定 安全性检测主要是根据绿色食品标准或国家标准检测果品中的有害重金属和农药残留量。若以上两个标准中没有的，则可参照国际标准确定是否超标。重金属中铜、锌、汞、铬、铅、镉、砷和果树中常用农药以及六六六、滴滴涕都是必检项目。绿色食品标准规定的残留指标一般均高于国家标准，无公害果品可按照国家标准执行。果品中有害物质残留量的测定，应以国家指定的测试部门测定的数据为准。

果品商品性测定 无公害果品以其安全、优质、营养丰富为特色，有很大的市场潜力，因此对其商品性要求较高，除了要达到无污染指标外，还要根据果实大小、色泽好坏分出果品等级。外观要洁净，果品质量的理化指标要达到标准，包装材料要符合清洁、无毒、无异味的要求，果箱设计精美。另外，还要注意在储藏、运输和销售过程中不能造成二次污染。这样的商品果在市场上才有较强的竞争力。

无公害板栗产地的环境空气质量 应符合表 4 的规定

表4 空气质量指标

项目	指标	
	日平均	1 小时平均
总悬浮颗粒物（TSP）（标准状态），毫克 / 米^3	0.30	
二氧化硫（SO_2）（标准状态），毫克 / 米^3	0.15	0.50
氮氧化物（NO_x）（标准状态），毫克 / 米^3	0.10	0.15
氟化物（F），微克 /（分米^2 · 日）	5.0	
铅（标准状态），微克 / 米^3	0.15	0.15

产地农田灌溉水质量 应符合表 5 的规定。

表5 农田灌溉水质量指标

项目	指标
pH	5.5 ~ 8.5
总汞，毫克 / 升	≤ 0.001
总镉，毫克 / 升	≤ 0.005
总砷，毫克 / 升	≤ 0.05
总铅，毫克 / 升	≤ 0.10
铬（六价），毫克 / 升	≤ 0.10
氯化物，毫克 / 升	≤ 250
氟化物，毫克 / 升	≤ 3.0
氰化物，毫克 / 升	≤ 0.50
石油类，毫克 / 升	≤ 1.0

产地土壤环境质量 应符合表 6 的规定。

表6 农田土壤环境质量

项目	指标		
总镉，毫克 / 千克	pH < 6.5	pH 6.5~7.5	pH > 7.5
总汞，毫克 / 千克	≤ 0.30	0.30	0.60
总砷，毫克 / 千克	≤ 0.30	0.50	1.0
总铅，毫克 / 千克	≤ 100	150	150
总铬，毫克 / 千克	≤ 150	200	250
六六六，毫克 / 千克	≤ 0.5	0.5	0.5
敌敌畏，毫克 / 千克	≤ 0.5	0.5	0.5

14. 绿色食品的标准有哪些?

绿色食品并非指“绿颜色”的食品，而是特指无污染的安全、优质、营养类食品。自然资源和生态环境是食品生产的基本条件，由于与生命、资源、环境相关的事物通常冠之以“绿色”，为了突出这类食品出自良好的生态环境，并能给人们带来旺盛的生命活力，因此将其定名为“绿色食品”。

绿色食品是遵循可持续发展原则，按照特定生产方式生产，经中国绿色食品发展中心认定，许可使用绿色食品标志的无污染、安全、优质、营养类食品。它具有一般食品所不具备的特征：“安全和营养”的双重保证，“环境和经济”的双重效益。它是在生产过程中通过严密监测、控制、防范或减少化学物质（农药残留、兽药残留、重金属、硝酸盐、亚硝酸盐等）污染、生物性（真菌、细菌、病毒、寄生虫等）污染以及环境污染而生产出来的。绿色食品在突出其出自良好生态环境的前提下融入了环境保护与资源可持续利用的意识，融入对产品实施全过程质量控制的意识和依法对产品实行标志管理的知识产权保护意识。因此，绿色食品的内涵明显区别于普通食品。

为了保证绿色食品具有上述特征，开发绿色食品有一套较为完整的质量标准体系。它包括产地环境技术条件、生产技术标准（生产资料使用准则及生产操作规程)、产品的质量标准以及包装、储运、标签等相关标准。它强调“从土地到餐桌”，进行控制。绿色食品生产尤其强调实施生产过程的技术标准，它最大的优点是，把食品生产从最终产品检验为主的控制，转变为生产环境下鉴别并控制其潜在危害，为生产者提供了一个预防性的比传统的最终产品检验更为安全的产品控制方法，这是绿色食品标准体系和质量保证体系的核心。

绿色食品标准分为两个技术等级，即AA级绿色食品标准和A级绿色食品标准。

● AA级绿色食品标准。生产地的环境质量符合绿色食品产地环境质量标准，生产过程中不使用化学合成的农药、肥料、食品添加剂、饲料添加剂、兽药及有害于环境和人体健康的生产资料，而是通过使用有机肥、种植绿肥、作物轮作、生物或物理方法等技术，培肥土壤，控制病虫草害，保护或提高产品品质，从而保证产品质量符合绿色食品产品标准要求。

● A级绿色食品标准：生产地的环境质量符合绿色食品产地环境质量标准，生产过程严格按绿色食品生产资料使用准则和生产操作规程要求，限量使用限定的化学合成生产资料，并采用生物技术和物理方法，最终产品质量达到 A 级绿色食品产品指标。

15. 国际绿色果品的概念及标准是什么？

绿色果品是遵循可持续发展原则，按照特定生产方式生产，经专门机构认证（如中国绿色食品发展中心），许可使用绿色食品标志的无污染的安全、优质、营养果品。无污染是指绿色果品生产、储运过程中，通过严密监测、控制；防止农药残留、放射性物质、重金属、有害细菌等对果品生产及运销各个环节的污染。从广义上讲，绿色果品应是优质、洁净，而有毒有害物质在安全标准之下的果品，品质、营养价值和卫生安全指标均有严格规定。

目前，世界各国及有关国际组织对绿色果品标准要求不尽相同，如英国、美国、日本、欧共体有各自的标准，西方发达国家统称绿色果品为“有机果品”或“无公害果品”。

16. 绿色食品板栗的生产标准有哪些？

绿色食品板栗必须同时具备以下条件：①产品或产地必须符合绿色食品生态环境质量标准。②板栗树种植、食品加工必须符合绿色食品的生产操作规程。③板栗产品必须符合绿色食品质量和卫生标准。④产品外包装必须符合国家食品标签通用标准，符合绿色食品特定的包装、装潢和标签规定。

严格地讲，绿色食品是遵循可持续发展原则，按照特定生产方式生产，经专门机构认定，许可使用绿色食品标志的无污染的安全、优质、营养类食品。发展绿色食品，从保护、改善生态环境入手，以开发无污染食品为突破口，将保护环境、发展经济、增进人们健康紧密地结合起来，促成环境、资源、经济、社会发展的良性循环。无污染、安全、优质、营养是绿色食品的特征。无污染是指在绿色食品生产、加工过程中，通过严密监测、控制，防范农药残留、放射性物质、重金属、有害细菌等对食品生产各个环节的污染，以确保绿色食品产品的洁净。绿色食品的优质特性不仅包括产品的外部包装水平高，而且还包括内在质量水准高。产品的内在质量又包括两方面：一是内在品质优良，二是营养价值和卫生安全指标高。

为了保证绿色食品产品无污染、安全、优质、营养的特性，开发绿色食品有一套较为完整的质量标准体系。绿色食品标准包括产地环境质量标准、生产技术标准、产品质量和卫生标准、包装标准、储藏和运输标准以及其他相关标准，它们构成了绿色食品完整的质量控制标准体系。

绿色食品产地环境质量监测的主要对象包括大气、土壤和水等三个部分，另外需要对农作物所施用肥料的种类、数量、品质进行调查，对病虫害的防治措施、药剂种类和数量进行调查。必须对大气中的二氧化硫、氮氧化物、总悬浮微粒、氟化物；水中的汞、镉、铅、砷、铬、溶解氧、pH、BOD5、有机氯、氟化物、氰化物、细菌、大肠杆菌。土壤中的肥力指标、重金属及类重金属、汞、镉、铅、砷、铬、有机污染物、六六六、滴滴涕等内容进行环境监测评价。

17. 优质板栗的概念是什么?

优质板栗生产必须推行科学的集约化管理，实行良种嫁接，良种建园，合理密植，连年修剪，科学的土、肥、水管理和病虫害防治等综合配套技术措施，使幼树早结果、早丰产，大树高产稳产，老衰弱树复壮更新，通过板栗科研成果和生产经验的推广应用，促进板栗的优质丰产。

优质板栗生产必须具备优良的果品品质。目前板栗产量与质量都不太高的原因，除了因为经营水平不高而导致树体的生长发育不好外，品种混杂、良莠不齐也是非常重要的原因。实生繁殖的板栗园，由于单株之间的差异而存在着大量的低产植株，也由于历来管理粗放，对现有的优良品种缺乏足够的了解，从而使一些品种的优良特性没能得到很好的发挥。再加上宣传、推广力度不够，小农经济思想长期的束缚等，阻碍了产区之间的优良品种交流，从而限制了产量与质量的提高。可见，广泛地开展板栗优良品种培育和推广，对于逐渐实现板栗生产良种化，提高板栗的产量与质量具有非常重要的意义。

18. 中国有哪些发展较快的板栗之乡?

中国幅员辽阔，气候及地理条件各不相同，形成了与之相应的特色板栗产区。中国发展较快的板栗产区并被国家林业局命名为“中国板栗之乡”，见表 7。

表7 中国板栗之乡

省区	中国板栗之乡	备注
北京	怀柔　密云	
河北	宽城　迁西　兴隆　邢台　遵化	
辽宁	凤城　宽甸	
安徽	广德　岳西　金寨	
山东	泰安市岱岳区　费县　莒南	
河南	罗山　新县　信仰市（浉河区、平桥区）	
湖北	大悟　京山　罗田　麻城	
广西	东兰　隆安	
陕西	镇安	

19. 我国板栗之乡有哪些好的发展经验？

我国板栗发展较快的板栗产区中，河北迁西、湖北罗田的发展较为典型。

河北迁西　河北省迁西县是著名的“中国板栗之乡”。2012 年，迁西农民人均纯收入增长到 10 502 元，其中仅板栗一项就为农民带来了人均 2 600 余元的收入，极大提高了板栗的“身价”。2013 年，板栗栽培面积达到 60 万亩，产量达到 6 万吨，总产值超过 6.6 亿元。

该县以栗花为原料，通过高新技术生产出的板栗香水、花露水等栗花系列产品成功问世。近年来，迁西以科技为支撑，延伸板栗产业链条，做大做强板栗产业，取得板栗科研成果 20 余项，荣获“优质板栗示范县”、“中国栗蘑之乡”，“迁西板栗”成为全国板栗行业唯一一枚地理标志驰名商标。

●强化科技研发，让栗花变废为宝。勤劳智慧的栗农将栗花编织成许多栩栩如生的工艺品。近年来，迁西研发出具有自主知识产权的板栗香水、花露水等栗花系列产品，栗花深加工技术获得 5 项国家发明专利，这在世界范围内尚属首例。栗花的应用激活了板栗疏雄增产技术，在雄花盛花期及时采摘，能减少营养消耗促进板栗增产。每亩栗园可采摘 200 千克雄花，栗花增收 1 200 元，板栗增收

1 000 元，栗园收入翻了一番。栗花深加工技术的不断延伸，大大促进了板栗增产和增效，推动了特色农业的转型升级。

●打造科技品牌，提高板栗品质。迁西县与高校合作的“燕山板栗产业化开发关键技术研究与示范”项目，获得河北省科技进步一等奖，研发的“压冠控高”技术在全县17个乡镇推广，栗树树势强、果粒大、品质好，产量有了大幅度的提高，为全县农民增收2 000万元。近年来，先后打造了“胡子”、“紫玉”、“栗之花”等一批在全省乃至全国有影响的知名板栗品牌。

●延伸产业链条，做大做强板栗产业。黑洼村是迁西县延伸板栗产业链条取得成功的代表村之一。该村利用闲置的栗树林间隙地资源，栽植栗蘑，大力发展林菌间作产业，使农民增收致富。目前，该村虹泉食用菌专业合作社与北京华联综合超市股份有限公司以鲜品每500克17.5元、干品每500克200元的价格签订了供货合同，成功将产品打入北京市场。2013年，迁西县以栗蘑为主的食用菌栽培达到2 600万棒，产值达到2亿元。新型产业融合引领板栗产业发展，林下经济也取得明显成效，实现产值 8亿元，促进农民增收2.3亿元。此外，该县以龙头企业为引领，开展了栗蓬、栗壳和栗蘑等剩余物资源开发与利用的科研攻关，先后研制出栗蘑酱、板栗酒、板栗茶、板栗罐头、栗蘑速食汤等10多种新兴食品和高端食品，实现了板栗资源综合和循环利用。其中，板栗酒年产量600多吨，产品销往内蒙古、辽宁、吉林及京津唐地区，受到了广大消费者的喜爱。

湖北罗田 目前，罗田全县板栗种植面积近100万亩，年产量达3万吨，板栗相关产业年产值达5.4亿元，占全县农业总产值的39.6%，对全县财政收入和农民人均纯收入的贡献率分别达到32.5%和32.6%，极大地促进了罗田县的经济发展。

多年来，该县立足高起点、高标准、高质量，坚持“统一规划、分区布局、连片开发”的方针建设板栗种植基地，逐步扩大基地规模，形成可产业聚集效应。罗田县建设板栗种植基地做到了“三化”，即：布局区域化，生产专业化和管理企业化。该县主要做了以下具体工作。

狠抓加工销售，延长产业链条，发展龙头企业，进行产品研发，建设板栗市场，优化经营环境。

依靠科技进步促进发展。全县已累计投入板栗科研经费500多万元，联合国内外知名板栗专家和科研院所，先后成功完成了“降低板栗空苞率增产技术”、

“板栗增雌减雄技术”等 17 项板栗攻关课题，取得了 11 项科研成果。健全科技服务网络，按照“完善县级、充实乡级、健全村级”的方针，建立健全了三级板栗科技服务体系。县里专门组建了板栗生产办公室，乡镇成立了 12 个技术推广站，全县板栗专业科技人员达到 180 人。与此同时，还成立了板栗专业协会，吸纳会员近 2 000 人。广泛开展板栗科技推广，培训栗农近 13 万人次；组织编印《板栗科技》等科普书刊资料 25 万册，拍摄板栗科教片 9 集，长期在农村巡回放映。全县 95% 以上的栗农都掌握了从育苗、栽培、嫁接到储藏各个环节的技术要领，科技对板栗产业的贡献率达 50% 以上。

二、板栗优质安全速丰高效生产的关键因素

1. 栗的主要种群有哪些?

世界上栗有四大种群，板栗原产并主要分布在中国，品质好，产量高，年产量占世界总产量的50%以上；欧洲栗原产于亚洲西部，主要分布在欧洲地中海沿岸各国、亚洲西部与非洲北部地区；日本栗原产日本，主要分布在日本和朝鲜半岛，我国山东沿海地区及辽宁省东部也有少量分布；美洲栗主要分布在美国东部各州。亚洲种与欧美种有一个显著不同点，即对栗疫病的抗性，亚洲种均具有对栗疫病的抗性，尤以中国板栗抗性最强。而欧美种对栗疫病全无抗性。亚洲种当中，中国板栗品质又优于日本栗，特别是日本栗种皮与种仁粘连不易剥离，即涩皮难剥，且种皮皮厚味涩，是其一个重大缺点。板栗具有花粉直感性，因此，我国板栗生产中要大力发展中国板栗优良品种，切不可盲目引进日本栗品种，以免造成我国板栗品种退化。

中国板栗原产中国，中国各地栽培的栗树多属于此种。由于栗属各种间异花授粉结实，加之长期栽培驯化和选择，至今已有300余个地方品种（类型）。

板栗属壳斗科栗属。本属共有9个种，分布于亚、欧、美、非四洲，其中我国有3个种，即板栗、茅栗和锥栗。

板栗 别名中国栗、魁栗。原产我国，全国各地优良品种很多，生产上广泛栽培，以河北、山东、河南、湖北等省比较集中。板栗为落叶乔木，高13～26米，树冠半圆形，树皮直裂，灰褐或深褐色。小枝上密被短茸毛，新梢上偶有长茸毛。叶片表面有光泽，长椭圆形至长披针形，叶缘有疏锯齿，齿端刺毛状。叶长8～15厘米，最长达20厘米。叶先端渐尖，基部圆形或截形，叶背密生灰白色茸毛，叶肉厚，叶脉粗，叶柄具有短茸毛。实生幼树叶枯黄后在树上不易脱落。雄花序为柔荑花序，花数不等，乳白色，长16厘米左右。雌花序生于雄花序基部，

总苞球形，多刺，每苞有雌花 2 ～ 3 朵，聚生。坚果重 5 ～ 20 克，平均 10 克左右，扁圆形。果皮褐色或赤褐色，先端有少许白色茸毛。果仁肥厚、黄白色。板栗幼苗抗寒力较差，抗风力较弱。

茅栗　茅栗原产我国，分布于河南、山西、安徽、江苏、江西、浙江、湖北及云南、贵州、四川等省区。

茅栗为灌木或小乔木，最高达 15 米。新梢密生短茸毛，偶有无毛。叶片长椭圆形、长圆倒卵形至披针形或长圆形，先端渐尖，基部圆形、心脏形或广楔形，叶缘有疏锯齿。叶长 10 ～ 15 厘米，叶背绿色，具鳞片状腺点，仅叶脉上有毛。总苞近圆形，直径 3 ～ 4 厘米，有疏毛刺，每苞常含果 3 粒，偶有 5 ～ 7 粒。坚果较小，直径 1 ～ 1.5 厘米，种皮易剥离，肉质致密、味甜，品质上等。茅栗适应性强，丰产性能好，较抗病。可用作板栗砧木。

锥栗　锥栗原产我国，广泛分布于江苏、浙江、湖北、湖南、江西、安徽、广东、广西、福建、台湾及云南、贵州、四川等南方省（区）。锥栗为高大乔木，高 25 ～ 30 米。小枝光滑无毛。叶片长椭圆形、卵形、长椭圆披针形或披针形，先端长狭而尖，基部截形或楔形，有芒状锯齿，叶长 8 ～ 16 厘米，表面淡绿色无毛，叶薄细致，叶柄细长。总苞内果实常 1 粒，少数 2 粒。坚果底圆而上尖，其形如锥，故名。坚果味甜，风味甘美，为食用珍品。锥栗适应性强，高山区也可生长，但易感染干枯病。树干高大，木质坚硬，适于建筑及土木工程应用。

2. 中国板栗有哪些主要品种群？

就中国板栗品种而言，可划分为 6 个地方品种群，即华北品种群、长江流域品种群、西北品种群、东南品种群、西南品种群和东北品种群。

华北品种群　该品种群主要分布于北京、河北、山东、河南和江苏北部的黄河故道地区。该品种群的主要特点：产地集中，产量占全国总产量的 60% 左右；坚果小而整齐，重 10 克以内者多；坚果肉质优良，含糖量超过 20% 的品种（系）约占 44%，其余的含糖量 12% ～ 18%；淀粉含量在 50% 左右，适于糖炒食用；多为实生树，近期在利用优良品种高接换优和嫁接繁殖方面发展较快。

长江流域品种群 该品种群主要分布于湖北、浙江、江苏和河南东南部大别山等地区。该品种群主要特点：产地集中，以嫁接繁殖为主；品种以大果型为主，坚果单粒重在16克以上；含糖量低于10%；淀粉含量较高，在57%左右；肉质偏糯性，适于菜用或加工成食品。

西北品种群 该品种群主要分布于甘肃南部、四川北部、陕西渭河以南、湖北西北部和河南西部等地区。该品种群的主要特点：产地分散；以实生树为主；大多数品种（系）的坚果较小，单粒重多在8克左右，品质一般。

东南品种群 该品种群主要分布于浙江、福建、广东、江西东南部及广西东部和南部。该品种群特点：产区分散；以实生树为主；坚果重8克左右；果肉含糖量低，淀粉含量高，平均60%左右；肉质中等，多糯性。

西南品种群 该品种群主要分布于四川东南部、湖北西南部、贵州、云南及广西西北部。该品种群特点：产地分散；实生树多，嫁接树少；坚果多为小粒型，单粒重7克左右；果肉含糖量低，淀粉含量高达62%。

东北品种群 该品种群主要分布于辽宁和吉林南部。该品种群特点：大部分为日本系统的丹东栗，其余为中国板栗。丹东栗的涩皮不易剥离，肉质差，抗病虫能力弱，但产量较高。

3. 板栗优良品种的标准有哪些?

结果迟，产量低，大小年明显是当前一些板栗产区生产上的一个突出问题，除了在管理上下功夫外，选育和应用优质、丰产、稳产、适合当地种植的优良板栗品种是行之有效的根本措施。一个丰产稳产的优良品种应具备以下性状。

产量 要具有较强的丰产性及适应性。产量稳定，单位树冠投影面积产量要在0.5千克/米^{2}以上，无明显大小年。产量变幅不超过20%，每苞内的栗实数不低于2.5个，且盛果期长。

早实性 嫁接第二年要开始挂果，第三年有一定结果产量。

树体性状 树姿以开张、半开张为宜，树冠要紧凑，结果枝不宜过长。连续结果3年以上的母枝占50%以上，如有基芽结果特性为最好。发枝力强，平均每一结果枝上能抽生4个以上粗壮的新梢，而且其中有2个是结果枝。结果枝短而粗壮，树体不高，树冠紧凑，适宜密植丰产栽培。

花　雌花多雄花少（图 1）。每一结果枝上能有 2 个混合花序而且至少着生 4 个刺苞，即通常所说的丛果性强；雄花序短或早期枯萎脱落，即可减少养分的损耗。

雄花　　雌花

图 1　板栗的花

果粒　栗实形状为半圆形或椭圆形，而不是呈三角形或圆锥形。栗实整齐，大小中等，不可过大过小。种仁饱满，单粒重 8 ～ 15 克，即每千克 66 ～ 125 粒，匀净度要高，以不超过 4 粒为好。出籽率高，鲜出籽率 40% 以上。栗苞壳薄，内含 3 个栗子的刺苞占多数，独籽苞及空苞的比例小；无病虫和腐烂果，好果率达到 95%，等级果率达到 85%。

种皮　栗实外皮以红褐色、有光亮为好，种皮要厚薄均匀，不要有皱褶及明显的竖条纹（图 2）。外观呈黄褐色的不宜入选。果皮极薄，见风即裂的不宜入选。外表多茸毛及有尖锐硬尖的不宜入选。

图 2　板栗的种皮

果肉品质　含总糖量 8% 以上，蛋白质含量达 10% 以上，脂肪含量达 4% 以上，淀粉含量在 50% 以下，果肉糯质，风味香甜，涩皮易剥。

抗逆性　耐涝，抗病虫，适应性强。

4. 如何选育板栗优良品种？

我国大多数板栗产区长期采用实生繁殖，后代植株具有复杂的双亲遗传性，单株间差异显著，形成了丰富的种质资源。它们在形态特征、丰产性、抗逆性和种子的内在质量等方面都有显著的不同，最突出的表现在丰产性能上。如河南省林业科学研究院选育的优良品种豫罗红，6 年生幼树比普通品种增产 36%～266%；中国科学院广西植物研究所选出的阳朔 28 号，株产达 99 千克，为全国单株产量之冠。

板栗良种选择可分为实生单株选优、杂交选优和选优，生产和科研中最常用的方法是实生单株选优。板栗实生单株选优主要包括以下 4 个阶段：

预选 在走访踏查和发动群众的基础上，采取依靠群众报种和专业人员评选相结合的办法，对预选树基本情况进行登记，并到现场核实，作为预选树。

初选 由专业人员对预选树的现场调查记载，采集样品进行室内调查记载，并对记载资料进行整理和分析对比。经 3～5 年对预选树进行产量、品质及抗逆性进行测定后，根据选优标准，预选树中表现优异而稳定的可确定为初选树。

复选 对初选树要及时进行种圃嫁接，建立品种对比试验园。可与低产林改造的高接换种技术相结合，使其提前结果，尽早鉴定。初选优树在品种对比试验园定植后，经过 3 年结果无性系测定，专家鉴评，优中选优。

决选 将优中选优的优树，在不同区域、不同立地条件的地区建立一定面积的示范推广园，经观察、比较，从中选出更优良的单株，把表现最佳，适应性、稳定性最强的优系确定为决选树，然后建立良种采穗圃，进行大面积推广。

5. 板栗生长发育对温度、光照和水分有怎样的要求？

板栗对温度的适应范围很广，温带、亚热带地区，在年平均气温 7～17℃范围内，均适于板栗生长。

板栗在我国大多数地区均能正常生长。休眠期能忍耐 -22～-18℃的低温，绝对最低气温以 -25℃为临界值，超过临界低温就会发生冻害，甚至死亡。最高气温超过 39.1℃时板栗正常生长发育会受到影响。

板栗开花期需要 17～25℃的温度，低于 15℃或高于 27℃均影响授粉、受精和坐果。在8～9月果实迅速生长期，则需要20℃以上的平均气温，若气温过低，则栗实成熟晚，果个小，品质差。

板栗物候期受品种、地域、气温等多种因子影响。据河南省林业科学研究院观察，在河南信阳，板栗中熟品种物候期为，4月上旬萌芽，6月上旬盛花，11月初落叶，生长期将近8个月。

板栗为喜光树种，较强的光照才能满足其光合作用的需要。生产上采用合理的栽培管理技术，增加栗园光照强度，可有效提高果实产量。

板栗光照不足时，分枝力弱，直立生长，发育不良，结果迟，病虫害严重。其内膛光照不足时，下部枝条枯死，内膛空虚，枝干光秃。栽培时应适地适树、合理密植，并进行合理的整形修剪，改善光照条件。

水是构成板栗树体的重要组成部分。枝干、叶、根和栗实含水量占树体总重量的40%～70%。水还参与板栗树体各种物质的合成与转化，并使树体各部分保持新鲜状态。

板栗对水分的适应范围很广。在我国，从年平均降水量500～600毫米的北方，到年降水量1 000～1 500毫米的长江以南，甚至2 000毫米的海南，板栗均能正常生长发育。北方的板栗品种较耐旱，但亦喜水，生长期仍要求有充足的水分供应。在板栗生长期进行合理的灌溉，可以有效地增强树势，提高栗实产量和品质。南方在多雨季节应及时排水防涝。据测定，土壤含水量5.1%、持水量32.4%时，栗树出现萎蔫和黄叶现象，生长发育受阻；土壤含水量8.99%～10%、持水量56.9%～63.41%时，栗叶肥大，颜色深绿，生长发育良好。

板栗的幼苗既不耐干旱，又不耐水涝。据测定，栗苗在土壤含水量为14.8%时，生长受到抑制，下降到10.3%时开始枯萎。所以在育苗和幼苗期应注意及时排水和灌水。

板栗树虽然对雨水要求不严，但在长期积水和地下水位高的地方，可导致栗树根系腐烂，甚至树体死亡。因此，栗园应注意排灌设施的建设。

6. 板栗生长发育对土壤pH和土壤类型有怎样的要求？

板栗对盐碱性土壤非常敏感，其生长发育对土壤pH要求较高。研究证明，板栗对土壤pH的适应范围是5.5～7.5，但以土壤pH 5.5～7.0为最好。土壤pH大于7.5的地区，不宜栽植板栗。板栗园土壤含盐量不能超过0.2%，否则，栗树生长不良。

板栗对土壤类型要求不太严格，除极端沙土和重黏土外，均可生长。但以母质为花岗岩、片麻岩的砾质土或沙壤土为最好，这样的土壤多呈微酸性，适合栗树生长。

7. 板栗生长发育对土壤营养和肥力有怎样的要求？

板栗为需钙、锰多的植物。据分析，其叶中含钙量为2.6%，比喜钙植物苜蓿（1.8%）还高，土壤溶液中钙离子浓度达100毫克/千克时，栗树生长良好。板栗叶片含锰量为0.358%，居各种果树之首。当土壤pH较高时，土壤中的锰呈不溶状态，栗树难以吸收利用。当土壤pH为5～6时，叶片含锰量为0.2%～0.25%，栗树生长正常。土壤pH超过7时，叶片含锰量显著减少，树体生长发育不良，叶片黄化。栗树对硼元素反应敏感，据测定，土壤中有效硼含量低于0.5毫克/千克时，栗树易产生空苞现象；严重缺硼时，栗树产量很低，甚至绝收。酸性土壤中硼易流失；石灰岩地区土壤中的硼易被固定，降低有效性。所以，对于土壤呈酸性的栗园，每3～4年应追施一次硼肥；在石灰岩地区土壤中，应多施有机肥和酸性肥料，以提高土壤中硼的有效性。

板栗丰产栗园要求土层深厚，一般土层厚度应在80厘米以上，土壤有机质含量应在1.2%～1.5%。

8. 板栗生长发育对生态环境有怎样的要求？

优质板栗生产基地周围要有良好的生态环境，大气、土壤和灌溉水都不能有污染，必须远离城市和交通要道，周围无工业或矿山的直接污染源（“三废”的排放）和间接污染源（上风口和上游水域的污染），基地要距离公路50～100米以外，大气、土壤、灌溉水经检测符合国家标准。灌溉水要清洁无毒，禁用工业废水、城市污水灌溉，以防止重金属、农药等有害物质对果园土壤和灌溉水造成污染。栗园内要清洁，不得堆放工矿废渣、废石及城市垃圾。果园栽培管理要有较好的基础，土壤质地适合栗树生长，有灌溉条件，有机肥料来源充足，树势健壮，栽培管理比较先进。

三、板栗优质安全速丰高效生产的途径与措施

1. 板栗种子采集应注意哪些问题？

栗种繁殖苗树有两种用途，一是用作砧木，二是直接供生产栽植。作为砧木用的苗木要求生长健壮，因此要选择充分成熟，大小整齐，无病虫害和机械损伤的坚果作种子。直接供生产栽植苗木所用的种子，必须从生长健壮、丰产优质的母树上进行采集，以保证后代表现良好。

2. 播种前如何处理板栗砧木种子？

图 3　板栗沙藏

板栗种子必须保持较高的含水量才能生命力强，一旦失水即丧失生活力，所以种子选好后应立即进行湿沙储藏（图 3）。一是保持种子的水分，二是在湿沙和低温条件下，打破休眠。种子数量大时可用沟藏。选择地势高，排水良好，背风阴凉的地点挖沟，沟深宽各 0.8 ～ 1 米左右，长度以种子的多少而定。沟底先铺一层厚约 10 厘米的洁净河沙，然后将 1 份种子与 3 份湿沙掺匀后放入沟内。或不与湿沙混合，先在沟底沙层上放一层种子，种子上盖一层湿沙，种沙厚度各约 10 厘米，如此层积至距地 15 ～ 20 厘米时为止。在放种子的同时，沟内中央每隔 1 米竖立一个直径约 15 厘米的秸秆或草把，以利通气。种子放完后，上面用湿沙填平，再在上面培土起成垄状，以防雨水渗入造成种子霉烂。如种子量少，可用小型沟、坑或装入通气的容器中埋藏，方法同上。对于储藏的种子要定期检查，发现问题及时处理。

3. 板栗砧木种子如何播种?

图4　板栗砧木苗

播种时期分春播和秋播两种，一般多为春播。播种方法采用横行条播。在经过耕翻平整的圃地上，做成宽1～1.5米的畦，畦长视圃地而定，一般以5～10米为宜。按30～40厘米的行距开沟，然后按10～15厘米的株距，将种子平放沟内，覆土4～5厘米厚，每亩播种量120～150千克。一般情况下播种后3～4周栗苗可出齐，当年苗木生长可高达100厘米以上（图4）。

4. 板栗砧木苗如何管理?

中耕除草　苗出土较迟，且前期生长比较缓慢，必须适时进行中耕除草，防止草荒。

施肥和灌水　幼苗生长至5月下旬，这时种子内所储藏的养分基本耗尽，为了加速幼苗的生长，必须补给养分。应于6月上旬进行二次追肥，以腐熟的人粪尿为主；也可追施氮肥，每亩用5～10千克尿素，施肥后应立即灌水或乘雨追肥。

病虫害防治　苗十分幼嫩，易遭地下害虫及立枯病的危害，应及时防治。

5. 建立采穗圃时如何进行良种选择?

采穗圃必须选用优良品种（株系）的枝条。其主要来源于：经过专业人员选择，已通过有关部门和专家鉴定，适合当地生长的优良品种或类型；引进并经过区域对比试验，适合当地生长，并且丰产、稳产、优质、抗逆性强，有较高推广价值的良种；经多年栽培证明，在当地有发展前途的农家品种；有较高栽培价值的变种或株系。

6. 如何建立采穗圃？

建立板栗良种采穗圃（图 5），既可以通过高接换优，尽快批量繁殖种条，又可以建立良种密植园进行优良品种繁殖。

高接换优建立采穗圃 选择立地条件好、植株生长健壮、无病虫害的板栗实生成龄林，通过高接，改造成良种采穗圃。采用这种方式，可以较快地满足当前生产上对良种接穗的需求。

高密度栽植建立采穗圃 ①定植。砧苗最好采用大苗，带土团移栽，按 2 米 ×2 米或 2 米 ×3 米的株行距定植。定植前一年冬季应全面整地，每亩施有机肥 1 万千克。挖 80 厘米见方的大穴，每穴施有机肥 50 千克，磷肥 1 千克，腐熟豆饼 1 千克，与表土充分拌匀后填入穴内。定植深度以地茎部位高出地面 10 厘米为准，浇水后下沉与地面齐。严防窝根，分层踏实。②嫁接。栽植后当年或第二年嫁接均可。采用插皮接或插皮舌接，定干高 40 ～ 60 厘米，嫁接部位应用塑料薄膜带包扎严紧。若第二年嫁接，栽植当年要截干，以刺激根系生长。

图 5　板栗采穗圃

7. 如何进行采穗圃的管理？

施肥 高接或定植当年 6 月～ 8 月，每株施复合肥 0.2 千克，分 2 ～ 3 次开沟施入，7 月每株施腐熟人粪尿 5 千克，施肥与浇水结合进行。以后逐渐加大施肥量，每年每株增施尿素 0.2 千克，复合肥 0.1 ～ 0.2 千克，土杂肥 50 千克。施肥原则上应基肥重施，追肥少量多次施入，以补充采穗后树体的养分损耗。

抚育管理 为保证幼树的正常生长，防止土壤板板结，雨后应及时松土除草，以减少水分蒸发及杂草与幼树争肥水的矛盾。

浇水与排水 苗木定植后要做好排、灌水工作，以最大限度地避免旱涝对树体生长的影响。

8. 板栗园如何选址？

板栗建园前必须考虑交通条件、土壤性质、土层厚薄、地势地貌、坡度坡向、气候因素等。

交通条件 板栗是一种经济价值较高的干果，有人认为它比水果耐储藏运输，实际上栗实既怕热、怕干、又怕水、怕冻，比较娇气，储运中容易产生霉烂现象。所以建园时应考虑交通条件要便利。优质板栗基地必须远离城市和交通要道，周围无工业或矿山的直接污染源（“三废”的排放）和间接污染源（上风口和上游水域的污染），基地要距离公路 50 ～ 100 米以外。

土壤条件 虽然板栗在酸性或中性土壤中均能生长。但从丰产的角度考虑，仍以微酸性土壤为宜。土壤的理化性质十分重要，最好选择土层深厚、肥沃和排水良好的中性或微酸性壤土。据对各地丰产板栗园的调查，优质板栗丰产园的土层深度要在 80 厘米以上；土壤质地应是保水、保肥性能良好的壤土、沙壤土或砾质壤土，土壤 pH 5.5 ～ 7.0 为好；土壤有机质含量 1.0%～ 1.5%，土壤含盐量超过 0.2%，地下水位 1 米以下。

地势地貌 板栗丰产园应以平原、滩地、台地和山地缓坡为宜。山地栗园海拔高度不宜超过 1 000 米，海拔过高的山区，地形复杂，气候和土壤条件差异大，不宜建板栗丰产园。

气候条件 优质丰产栗园年降水量不宜少于 700 毫米，园地应通风透光，光照条件良好，无风害，生长期日照不足 6 小时的沟谷不宜栽植。

排灌状况 板栗丰产园，还应具备一定的灌水和排水条件，做到旱能灌、涝能排。

坡度坡向 板栗树喜光而不耐阴，所以栽植于光照充足的阳坡为好。栗园地坡度一般不宜超过 15°，坡度越大，水土流失越严重、土层瘠薄，不利于板栗生长。

一般优质板栗丰产园产地条件见表 8。

表8 优质板栗丰产园立地条件表

立地名称	立地条件
局部地形	平原、河滩、丘岗、山地
海拔	北方产区 300 米以下，南方产区 1 000 米以下

续表

立地名称	立地条件
坡度坡向	坡度小于 15°，阳坡、半阳坡、半阴坡
周围环境	距公路 50 ~ 100 米以外
土壤质地	壤土、沙壤土、疏松肥沃
pH	5.5 ~ 7.0
地下水位	1 米以下
土壤含盐量	< 0.2%
土壤含硼量	> 0.5 毫克 / 千克
土层厚度	> 80 厘米

板栗丰产园建园方式有樵山建园、栽苗建园和直播建园。

9. 板栗园如何规划?

板栗树寿命长，经济寿命长达数十年，丰产栗园的规划与设计是建栗园的基础工作之一。若规划不周，将影响栗园产量与效益。建立高标准的优质板栗丰产基地，做好板栗园地规划设计尤为重要。规划时应考虑市场需求、品种（早、中、晚熟）搭配等，还应坚持因地制宜、适地适树、方便管理的原则。栗园地规划主要包括栽植小区的划分、防护林设置、道路区划、排灌系统的设置及辅助设施的安排等。

小区划分　为了便于管理，应将栗园地划为若干栽植小区。栽植小区形状和大小因地而异，并应结合道路、排灌系统设置情况而定。一般 50 ～ 60 亩为一个栽植小区，每小区栽植品种 1 ～ 2 个为宜。

道路设置　道路的设置及规格应依据板栗园的规模、运输量、运输工具及管理的现代化程度而定。道路由主干路、支路及小路组成。主干路宽 6 ～ 8 米，与栗园外道路相接；支路宽 3 ～ 4 米，为连接主干路与小路的通道；小路是小区的分界线，路宽 1.5 ～ 2 米。

防护林设置　在平原、河滩建立大面积的板栗丰产园周围应设置防护林。

防护林带采用通风结构，林带走向与主风方向垂直，主林带间距以 300 ～ 400 米为宜。副林带与主林带垂直，副林带间距 500 米。主副林带形成网格，每个网格面积 200 ～ 300 亩。防护林的设置应与渠道、道路及栽植区相结合。

排灌系统设置 栗园地规划时，应做好排灌设施规划。无水源条件的丘岗山区栗园，可在山腰修筑蓄水设施，以小型蓄水提灌为主。南方板栗园，应以排水为主。在水平梯田内侧修筑排水沟，以做到旱能灌、涝能排。

10. 樵山建园的定义是什么？

图6 樵山建园

在我国河南南部、长江流域以及南方各省的低山丘陵地带，生长着很多野生或自然生长的实生板栗幼树。充分利用这些资源做砧木，嫁接板栗接穗，成活后不需移栽，通过适当的管理建成的栗园，称为樵山建园（图 6 ）。这种方法已在南方板栗产区广泛推广，是山区建立板栗园的有效途径之一。

11. 樵山建园有哪些优点？

能充分利用野生板栗资源 野生板栗分布范围广，适应能力强，充分利用野生板栗资源发展板栗生产，变资源优势为经济优势，是提高资源利用率的有效措施。

成园快，收益早 山区的野生板栗大多已生长多年，树干较粗，根系发达，通过嫁接良种接穗，生长旺，成形快，结果早。在河南省信阳南部山区，一般嫁接后 2 年结果，3 ～ 5 年就有一定的产量。

省钱，省工 樵山建园不需整地、挖穴和移栽，既省钱又省工。

13. 樵山建园的方法是什么？

选择园地 凡有野生板栗分布的地方都可利用。建立板栗丰产园时，应优先考虑土壤疏松、深厚肥沃，地势平缓，交通方便的阳坡。

樵山建园 樵山建园通常在冬季和早春嫁接前进行。按等高线每隔 3 ～ 5 米选留 1 株生长健壮的野生栗树做砧木，每亩留 40 ～ 60 株，其余杂灌木或野生栗树可疏除，选留栗树深翻树盘，增施有机肥料。为防止水土流失，可在栗园内间作矮秆作物或绿肥。同时修筑水土保持工程。

就地嫁接 选用优良品种接穗，采用劈接或插接法，将野生板栗改造成良种板栗。

嫁接后的管理 樵山建园后地面上仍须不断清除栗园内灌木杂草，避免其与板栗争肥，影响板栗的正常生长。嫁接成活后适时解除绑扎物，设立防风柱，以免嫁接苗遭风害。还应及时抹芽，保证接芽充足的营养供应和正常生长，以利接口愈合。此外，还要及时中耕除草，增施有机肥，适时防治病虫害。

12. 什么是栽苗建园?

栽苗建园是我国板栗生产中普遍采用的建园方式。它是用 1 ～ 2 年生的嫁接苗或实生苗，整地后按一定的密度栽植建立起来的栗园。栽苗建园的优点是株行距规范，树体大小一致，便于集约化经营管理，早期丰产、稳产。用实生苗建园，可于栽植 1 ～ 2 年后进行优良品种嫁接，这样生长旺盛，便于整形，成形快，进入丰产期早。

13. 什么是直播建园? 直播建园如何进行种子处理及整地?

直播建园是将板栗种子直接播种在林地上进行建园的方式。直播建园的特点是施工容易，建园成本低，但对立地条件的要求较高，播种后种子、幼苗易遭鸟、畜、杂草及干旱危害，用种量大。此法宜于山区推广。

直播建园对板栗种子的品质要求与育苗相同，尽量采用林地附近或与林地自然条件类似地区的种子。为了保证幼苗出土整齐，播种前必须对种子进行催芽处理。为了防止病虫和鸟兽危害，播种前种子需经消毒或拌种处理，如用福尔马林、多菌灵溶液消毒，以防治立枯病；用硫化锌拌种可防鸟、兽、鼠害。板栗播种建园对林地的立地条件要求较高，造林前要细致整地，整地方式方法同栽苗建园。

14. 直播建园播种方法是什么? 直播建园播后怎样管理?

一般采用穴播。穴播是在已整过的地块上按栽植点挖穴，穴内土块整细，拣净石块、草根，踏实后将种子播在穴内。经催芽处理的种子播种时切断根尖，种子横放在种植穴内，每穴播种 3 粒，呈三角形摆放。播后覆土，覆土厚度为种子直径的 2 ～ 3 倍。然后轻轻踏实。

幼苗出土后，要及时进行松土、除草、追肥，确保幼苗健壮生长。根据土壤墒情适量灌水，确保幼苗健壮生长。

种子直播建园，适宜在偏远山区推广。据试验，在山坡采用水平梯带整地，带内挖大穴直播建园，每穴播种 3～4 粒，出苗率 85%；第二年将多余的苗起出，每穴留一株嫁接，嫁接后平均树高 1.25 米，树冠投影 0.55 米^2，有 36.41% 的植株挂果，平均每个新梢有栗苞 0.38 个。

15. 如何整地?

全面整地是将整个园地进行全面深翻。一般平原、河滩荒地、山区局部的平整缓坡和水平梯田的平面等均应进行全面深翻。

局部整地是对部分园地进行耕翻，包括带状整地和块状整地。带状整地是在园地上呈长条状翻耕土壤，并在整地带之间保留一定宽度的不耕带。在山地、丘岗地带状整地的常用方法有等高撩壕、水平梯田、抽槽整地和鱼鳞坑等。

等高撩壕　等高撩壕适宜于 8° ～ 15° 的缓坡丘岗地或山地采用。从下往上按等高线挖长壕沟，壕间距根据行距而定，壕深 70 ～ 80 厘米，宽 100 ～ 130 厘米。在壕沟下沿堆成高 40 厘米、宽 40 厘米的土埂。埂内栽树的壕面外高内低，有利于蓄水，最低处的土面挖一浅沟作排水沟。板栗树栽在外高内低的壕面上，壕间坡面既可种草或紫穗槐护坡保持水土，又可种绿肥。

图 7　梯田整地示意图

水平梯田　水平梯田适宜于 15° ～ 25° 的山坡地采用（图 7）。它是山地栗园最好的水土保持工程，可有效地控制水土流失，便于耕作、施肥、修剪、病虫防治及果实采收，而且变平面为立体果园，从而提高了栽植密度和光能利用率。修筑水平梯田的基本要求是等高水平、能蓄能排。

筑梯田的关键在于修筑牢固的梯壁，梯壁的墙基要挖到硬底石头层或生土层以下 30 ～ 50 厘米。梯壁可筑成直壁式或斜壁式两种，用土或石块筑成。梯壁建筑应根据梯田的高度和坡度而定，坡度大、直而高的梯壁须用石砌。土筑梯壁要有较大的倾斜度，以便种草护坡。

抽槽整地 抽槽整地（图 8）即沿等高线挖植树沟，适宜于坡度为 5° ～ 30° 的坡地。一般槽宽 100 厘米，深 70 厘米。整地程序主要包括放线、抽槽和回槽填土。放线，即测定抽槽的水平线，并沿线标出开挖位置。水平线用水准仪、罗盘仪或土法制作的“三脚架”测定。水平线间距由栽植行距决定。测量时，先在有代表性的山坡中部选一基点，然后向两侧延伸，并由上向下逐条放线，放线后，沿水平线按设计的规格开挖种植沟。施工中，以水平线作为开挖上限，表土上卷，底土下翻，分开堆放。抽槽长度随山势而定，尽量围山转，使之形成层层梯带。栗树栽植前，应回填沟槽，从槽上方挖土，将山坡肥土、草皮及挖槽时卷上去的表土填入槽内，直到填满。利用挖槽时下翻的底土做埂，形成外高内低的反坡梯带，沿梯带内侧挖一条小排水沟。一般抽槽多在夏季或冬季农闲时进行，回填土工作宜在冬末或早春进行，这样空槽过冬，有利于土壤熟化。

图 8　抽槽整地

鱼鳞坑 鱼鳞坑（图 9）适宜于坡度超过 25° 的山地陡坡采用。可按等高线，以株距为间距，上下错开呈“品”字形，定出栽植点，并以栽植点为中心，修成外高内低的半圆形土坑，坑面低于坡面，呈水平或稍向内倾斜凹入。坑内侧修一条小蓄水沟，坑外缘培一条高出地面的弧形土埂，以减少地表径流。鱼鳞坑一般长 100 ～ 150 厘米，宽 50 ～ 80 厘米，坑内填草皮或表土。

图 9　鱼鳞坑

随着树体生长，要逐年扩大树盘、修筑树坪，以适应树体生长。树坪为半圆形或长方形，有条件的地方可在树坪周围砌石块，坪面外高内低，在蓄水沟两端留溢水口和引水沟，使溢水口坑间相连，做到能蓄能排。

16. 如何确定整地挖穴和栽植时间？

整地以栽植前一年秋冬季进行为好。提前整地挖穴，可使土壤进一步风化，经冬季冻垡可消灭病虫害。栗园地整平后即可定点挖种植穴，种植穴大小视土壤和劳力情况而定，一般长、宽、深各 1 米。挖穴时将表土和底层土分开堆放，穴挖好后，空穴过冬，早春填土时，每穴施有机肥 50 ～ 100 千克，与表土混匀后填入穴内，随填随踏实，填至离地面 30 厘米左右时为止，使中间略高，呈馒头状。

板栗从落叶到发芽前，整个休眠期均可栽植。有些地方采用晚秋带叶栽植效果也很好。据山东省临沂市林业局试验，板栗秋栽成活率平均为 98.3%，对照春栽成活率为 81.32%，秋栽较春栽成活率提高 17%。秋栽板栗 20 天后观察，即有大量吸收根发生，而春栽幼树，至 5 月初才开始有愈伤组织产生。秋栽板栗单株平均新发生根及总根长分别比春栽的增长 60.7% 和 225.9%。秋栽板栗新梢生长量平均为 25.6 厘米，春栽仅 16.2 厘米。秋季板栗带叶栽植在淮河主干流以南及南方产区较为适宜，在北方产区栽后应截干培土，防止冻害。

17. 如何确定栽植密度和栽植方式？

合理密植是提高板栗单产的一项重要措施。稀植栗园单株树大，单株产量高，寿命长，但早期单株产量低，单位面积产量也低。合理密植可适当增加单位面积定植株数，充分利用光能和土壤营养，因而能获得早期丰产和连年丰产，而且小冠密植便于管理和机械化作业。

栽植密度　板栗栽植密度应依据品种的生物学特性、立地条件、栽培技术等因素而定。在相同的立地条件下，不同品种（系）的冠幅大小有显著差异。在土壤深厚肥沃、土质疏松、水分条件好、坡度小的山地，栽植密度一般为 4 米 ×（4 ～ 5）米，每亩 33 ～ 41 株；北方地区可适当密一些，可按 3 米 ×4 米的株行距定植，每亩 56 株。在土壤贫瘠、干旱少雨地区，株行距可按 3 米 ×3 米或 2 米 ×3 米定植，每亩 75 ～ 111 株。

根据各地经验，矮、密、早、丰产栗园，可采取计划密植。栽后 5 ～ 8 年封行前，分批进行隔行隔株疏移或间伐。一般初植密度可按 3 米 ×3 米或 2 米 ×3 米规格定植，每亩 75 ～ 111 株。当栗园郁闭度超临界值 0.8 时，分两年实施抽行去株，变成 6 米 ×6 米或 4 米 ×6 米，每亩保留 18 株或 27 株。

栽植方式 栗园栽植方式有正方形、长方形、三角形等（图 10）。正方形栽植，株行距相等，通风透光性好，管理方便；长方形栽植，株距小，行距大，有利于间作和行间耕作，便于机械化作业；三角形栽植，株距大于行距，行间相互错开呈三角形排列，可增加单位面积的定植株数，一般比正方形栽植可多栽 11.6%，能充分利用土地，提高早期产量，适于山区水平梯田应用，但不便于管理和机械化作业。

不论采用哪种栽植密度和栽植方式，都应以获取最高的经济效益和便于管理为原则。

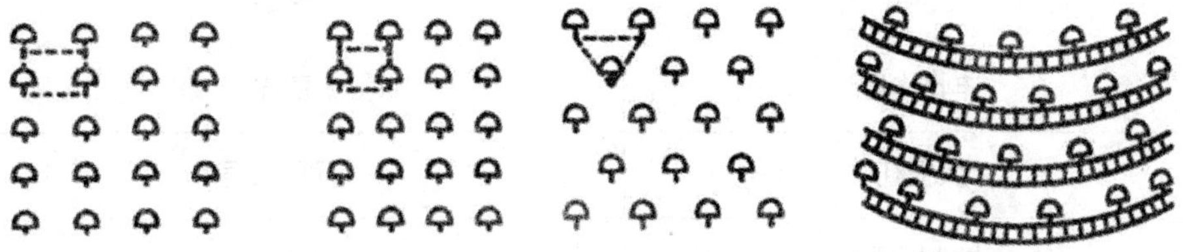

图 10　果树栽植方式

18. 栽植方法是什么？

栽植前，对过长、劈裂和有机械损伤的根系进行适当修剪。栽植时，将苗木放入定植穴内，保持直立。利用目测的方法，使前后左右对成直线。填土时，将苗木轻轻向上提动，使根系自然舒展，防止窝根，并使根系与土壤保持密接。随填土随踏实。栽植深度，一般要求以苗木在苗圃中原有深度为准。大穴栽植时，为防止苗木随穴土下沉造成栽植过深，要适当浅栽。

19. 如何配置授粉树？

板栗为雌雄异花树种，自花授粉不如异花授粉坐果率高，建园栽植时应选用不同的品种作为授粉树。要求授粉树栗实品质优良，丰产、稳产性能好，栽培管理技术、成熟期与主栽品种基本一致。一般为隔 6 ～ 8 行栽 1 行授粉树。一个栗园的品种以 3 ～ 5 个为好，若品种太多，则不便于管理。

我国板栗主栽品种（系）配置的最佳组合见表 9，授粉树配置见图 11。

表 9　我国板栗主栽品种（系）配置的最佳组合

主栽品种	授粉品种
燕山早丰	燕山短枝 + 丰收 1 号、迁西 15 号
燕山短枝	燕奎 + 薄皮
燕奎	燕山短枝 +2399
燕明	燕奎 + 燕山短枝
紫珀	2399
2399	紫珀
丰收 1 号	薄皮
大板红	迁西 15 号
浅刺大板栗	新岳王
金华 1 号	八月红、新岳王
八月红	新岳王、广德大红袍、罗田浅刺大板栗
新岳王	罗田浅刺大板栗

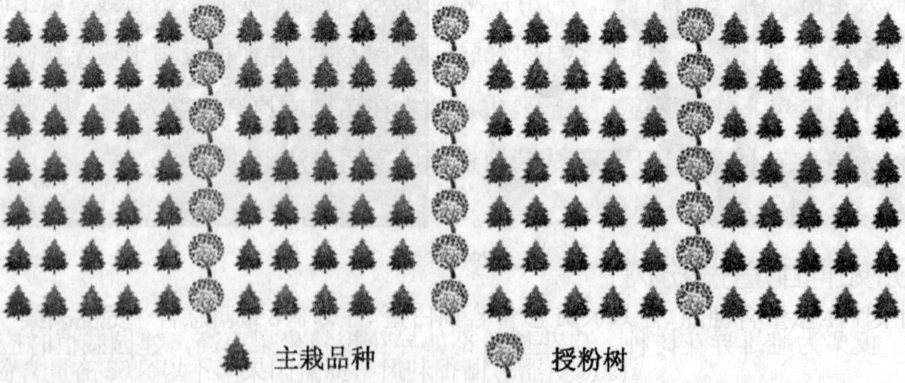

图 11　授粉树配置示意图

20. 如何提高成活率?

北方少雨干旱地区，板栗苗木栽植后，为防止透风失墒，应灌一次透墒水，水渗下后，覆一层细土，以利保墒。有条件的地方，灌水后可采用地膜覆盖树盘的办法，达到节水保墒、增加地温、提高成活率的目的，也可在树盘周围覆盖稻草、麦秸、青草等，能有效地减少水分蒸发，保持土壤湿润疏松，防止杂草丛生（图 12）。这样既有利于提高栗树成活率，同时稻草腐烂后又增加了土壤有机质含量。南方多雨高湿地区，可结合降雨情况进行排水。

图 12　幼树树盘覆盖地膜

21. 如何定干?

板栗栽植后应及时定干（图 13）。定干时从苗高 60 厘米的饱满芽处上方剪干，以刺激根系生长，提高抽枝率。

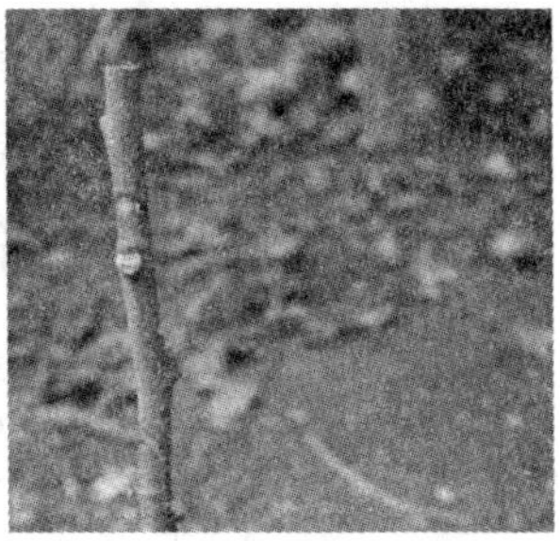

图 13　定干

22. 如何进行幼树防寒?

埋土防寒是我国北方严寒、干旱、多风地区常用的幼树防冻害措施，即在幼树北面培圆形土丘，然后将栗苗向土埂方向压倒，用土将苗木全部埋住。第二年春季萌芽前，将苗挖出扶直。

23. 板栗园深翻改土的概念是什么?

深翻是栗园深层土壤管理的一项重要措施，它可以疏松土壤，清除杂草，将杂草翻入土壤中可以增加有机质，改善土壤理化性质，提高土壤肥力与保墒能力。果园土壤活土层要求达到 80 厘米左右，使土壤通气情况良好，保证土壤孔隙度的含氧量在 5 %以上。优质丰产栗园，经深翻改土，最好能使根系主要分布层的土壤有机质含量达 1 %左右。

24. 如何确定板栗园深翻改土的时间？板栗园深翻改土的方法是什么？

只要方法适当，一年四季都可进行。一般宜在秋季栗实采收后至落叶前结合深施有机肥进行。这段时间，温度较高，板栗根系仍处于速生期，断根伤口愈合快，易生出新根，利于根系恢复和营养积累。春、夏季深翻可结合间作整地进行。冬季农闲，劳力充足，根系处于休眠期，也可以进行深翻。但在北方栗园，必须注意根系防冻。

栗园深翻，深度以 60 ～ 80 厘米为宜，深翻时尽量少伤根系。可从栽后第二年开始，逐年进行扩穴，向外开轮状沟。将表土与心土分开，回填时将表土与有机肥（草皮、枯枝落叶）拌匀放入底层，心土放在上层。有条件的地方，回填后灌一次透水，以免失墒。结合深翻对沙石含量大的栗园进行掏沙、取石、换土，改良土壤；对黏性土进行掺沙换土。

25. 不同立地条件的栗园中耕除草的方法是什么？

平地栗园便于管理和机械化作业，可适时进行中耕除草；荒滩、荒坡地栗园，杂草较多，每年中耕除草次数应不少于 5 次，结合耕翻进行压青。耕翻深度以 15 ～ 25 厘米为宜。山地栗园易引起水土流失，雨季不宜多次中耕，但有水土保持工程（如水平梯田、鱼鳞坑等）的栗园可适当进行松土除草，中耕除草时只浅耕阶面或直接割除杂草，梯壁杂草应适当保留，以防止水土流失。

26. 栗园化学除草的概念是什么？

近年来，国内外广泛采用草甘膦防除一年生或多年生杂草，收到良好的效果。草甘膦除草具有广谱高效，持效期长，对人畜安全、无污染等优点，它可以防除近百种一年生及多年生杂草，并可防除多年生恶性杂草。

27. 栗园利用绿肥的优点是什么？

凡是利用绿色植物体作为肥料的均称为绿肥。山区的绿肥资源丰富，山上的杂灌木、草及树叶等均可作为绿肥施用，它是很好的有机肥源。绿肥有以下优点：

增加土壤中氮及有机质的含量 绿肥植物数量及产量很高，把它翻施到土壤中可以增加土壤有机质及氮的含量。

集中与转化土壤养分 绿肥植物根系吸收利用土壤中难溶矿物质养分的能力很强。通过绿肥植物的吸收，土壤中难溶的养分、深层的养分被集中，将绿肥植物翻压腐烂分解后，这些养分被释放出来，呈有效态留在栗园耕作层。新鲜绿肥植物当年的利用率可达到30%。

改善土壤理化性状 绿肥植物有庞大的根系，它具有较强的穿透力和团聚作用，翻压绿肥植物，腐解形成腐殖质及有机酸、钙素等，可使土壤形成水稳性的团粒结构，改善土壤的理化性状，使土壤的保水保肥能力增强，透水透气性、耕性及缓冲作用加强，土壤肥力水平提高。

减少水土流失 绿肥植物茎叶茂盛，能很好地覆盖地面，缓和风雨袭击侵蚀地面，减少地表径流，保持水土。

28. 常见的栗园绿肥有哪些？

绿肥植物来源要采取就地取材与就地种植相结合的方法。就地取材，就是充分利用当地野生资源。另外还要做到一年生绿肥和多年生绿肥相结合，在板栗园内利用行间和园外种植绿肥相结合的途径，尽量增加绿肥产量，扩大肥源。

紫穗槐 多年生落叶灌木（图14），根深叶茂，耐旱，耐瘠薄，耐寒，耐盐碱。紫穗槐被称为“绿肥之王”，嫩枝叶含氮1.32%，磷0.3%，钾0.79%。春季定植的紫穗槐，秋季每亩可以割新鲜枝叶500千克，相当于30千克的硫酸铵，10千克过磷酸钙，10千克硫酸钾。紫穗槐春季定植，当年1亩可收获新鲜枝叶500千克，第二年可收割1 000～1 500千克，

图14 紫穗槐

第三年可收割3 000千克。紫穗槐的残根和枯枝落叶，可增加土壤有机质。一般紫穗槐在5月末6月初割一次枝条压绿肥，秋季割条编筐包装果品用。

沙打旺 多年生豆科绿肥作物，它耐瘠薄干旱，喜沙性土壤，产草量高。种植后第二年开始生长旺盛，每亩产鲜草1 500～2 500千克，第三年生长最旺，可产鲜草2 000～3 000千克。沙打旺鲜草可直接翻到土壤中。沙打旺可以在春、夏播种，出苗前怕旱，每亩播种1～2千克，宜在栗园行间播种。

草木犀 二年生豆科绿肥植物，耐旱、耐寒，耐瘠薄土壤，根系发达，生长旺盛，肥效高，含氮0.48%，五氧化二磷0.73%，氧化钾为0.44%。500千克的鲜草相当于23千克的硫酸铵，4.5千克的过磷酸钙，4.5千克的氯化钾的肥效。草木犀种植2年后，残留在土壤中的鲜根每亩达到500千克，从而改变了土壤结构，提高了土壤肥力。草木犀可以在春、夏、晚秋播种，晚秋播种为好。秋后平均气温下降到0℃左右，早晚地表层出现微冻，应及时播种。此时播种不用进行种子处理，靠冻融作用软化种皮，提高发芽率，播种后浅覆土1～1.5厘米，亩用种子1～2千克。草木犀可在春夏割1～2次，割时留茬10厘米左右。草木犀割青可直接在树下开沟埋压。

紫花苜蓿 多年生豆科植物，喜温暖、湿润的气候，在排水良好，富有石灰质沙质土壤上生长良好。紫花苜蓿根系特别发达，播种第一年生长较慢，第二年生长迅速，产草量逐年增多，亩产鲜草可达1 000～1 500千克。两年后每年可收割鲜草3～4次，折合每亩收干草300～700千克。茎叶含氮2.16%，磷0.53%，钾1.49%，并含有丰富的蛋白质、脂肪、淀粉、糖类和钙质，还含有多种维生素。紫花苜蓿压青有很高的肥效。紫花苜蓿的种子小，播种前将种子放到50～60℃温水中，不断搅拌，经过30～45分浸泡后再播种，早春顶凌播种效果较好。一般土壤播种后覆盖2厘米土，每亩播种量1～2 千克。

29. 什么是栗园覆草？

在栗园内覆盖青草，厚度20厘米，其上放少许土，秋季翻入树盘埋入地下。覆草后，土壤有机质含量由0.5%提高到0.92%，土壤结构改善，团粒结构增多，通透性增强；土壤含水量比对照提高3.6%；扩大了根系分布范围，提高了根冠比，有利于树体健壮生长。

30. 栗园生草及处理方法是什么？

除利用绿肥外，可在坡度较缓的丘陵地板栗园中播种草种进行生草覆盖（图15），生长良好的植被每年向土壤提供约 2.5 吨 / 亩的有机残体。日本栗园基本上都采用生草覆盖法。草的生长要与栗树争夺地下养分、水分和空气中的二氧化碳，所以要加强生草果园地下的肥水投入，否则将会造成栗树营养不足，生长衰弱，影响栗树的产量和质量。解决方法是对生草进行如下处理。

图 15　生草覆盖

割草压表　当生草长到 50 厘米时割下，覆盖于树盘上，1 ～ 3 千克 / 米 ^{2}，其上撒上粪肥。也可在覆草上均匀撒上一层土，使覆草分解，一般每年可割 1 ～ 2 次。

翻草生草　当生草长到一定程度（2 ～ 3 年）时，可在早春或秋后将生草一次翻扣入土壤中，以增加土壤有机质，作为长期供给二氧化碳的方法。

使用除草剂　当栗树生长到需碳的关键时期，向草上喷洒抑制光合作用的除草剂，使草从绿变黄，再变枯，由二氧化碳的竞争者变为二氧化碳的提供者。

增肥补水　在生草旺长期，会与栗树争夺养分与水分，适时追施肥料，补充灌水可以调节草、树的营养矛盾，每亩生草栗园每年可补充尿素 80 ～ 100 千克。

栗园不能永久性生草，2 ～ 4 年后一定要翻草灭青。若能选用 8 ～ 9 月倒伏而死的草类则更好。

31. 什么是栗园秸秆覆盖？

是利用农作物的秸秆、山草、树叶等覆盖在栗树下，在雨季有明显的拦蓄雨水作用，避免降水直接拍打地面，减小雨水的径流量，防止土壤冲刷，并能增加雨水的渗透，减少水分的蒸发量，保蓄土壤水分，使山地水资源趋于良性循环。同时又有利于微生物的活动。加盖的秸秆经腐烂后，可增加土壤的有机质，改良土壤，增加土壤肥力。秸秆覆盖能稳定土壤温度，降低昼夜温差，夏季降低中午的土壤高温，在晚秋和冬季阻止土壤过快降温，有利于充分利用太阳能。在寒冷地区提高冬季土温，有利于根系的发育。

在农作物秸秆较多的地方或杂草资源丰富的山区，可采用此法。草量少的地方可在行间种草。然后将栗园生草割下覆盖在树冠的投影范围内，一般草厚15～20厘米，在山区也可利用大面积荒山、荒坡养草或种草，然后割草就地覆盖。

32. 什么是栗园地膜覆盖？

一般用厚0.002～0.02毫米的聚乙烯塑料薄膜，覆盖在幼树的树冠投影范围内，利用其透光性好、导热性差和不透气等特性，改善局部生态环境，促进栗树生长发育。树下覆盖薄膜可以使土壤增温保湿，一般10厘米的表层土温可提高2～4.2℃，土层内的土壤含水率可提高3%～6%。而且覆膜土壤结构疏松，孔隙度大，土壤呈膨松状态。由于覆盖后土温、水分比较适宜，有利于土壤微生物增殖，加速有机物分解，释放土壤养分。因此，在覆盖条件下，可有效提高土壤肥力。

由于覆盖改善了栗树的土壤环境条件，使得栗树根系发达，毛细根数量增多，吸收能力增强。地上部分萌芽早，叶片面积较大，光合作用效率高。树下覆膜还可结合间作同时进行，并且可以提高间作物的产量。试验证明，在山地栗园较干旱的条件下，采用地膜覆盖的花生、豆类增产异常显著。

33. 山地丘陵如何进行栗粮间作？

在沟状梯田的田面可间作豆类、花生、瓜菜等低秆作物，在沟状梯田的土埂内侧厚土层上种植板栗，在埂的外侧隔坡处间作紫穗槐或豆科牧草，实行栗树、灌木、粮食相结合的立体种植形式，不仅可以收到可观的经济效益，而且可兼得显著的生态效益（图16）。栗树要栽植在偏外沿处，为了提高单位面积产量，栗树的株距可加密到2～3米，采用株密行宽形式，既能提高栗树的单产，又能空出田面进行间作。为便于树下的耕作和土壤管理及栗树整形，留干要稍高，以 1 米为宜，骨干枝不宜过多，一般留 2 ～ 4 个，以保证树冠内及树下间作物得到较多的散射光。山地土层较薄时，采取爆破法加深活土层，以保证栗粮的根系正常发育，并可将每年割下的紫穗槐或牧草，压施在树下或田面上充作绿肥。此外，还要注意增施有机肥。

34. 如何进行栗麦间作？

在有灌溉条件的栗园，树下可间作小麦。因小麦与栗树的生育期相遇时间短，争肥水光照的矛盾小，春季栗树发芽展叶期晚，虽然小麦春季拔节抽穗期与板栗萌芽、展叶、开花等需肥水期相遇，但通过施足基肥和追肥以及加强春季灌水，既能促使小麦生长发育，又可满足板栗的肥水需求。当栗叶全面展开时，小麦即进入成熟收获期。实践证明，栗树间作小麦是可行的。但须注意在间作小麦时，若减少对栗园的施肥和灌水，会影响栗树的生长，降低板栗产量。

35. 栗园间作注意事项有哪些？

间作物不要离树干太近，要给树体留出足够的土壤营养面积。一般栽植当年要离开树干 60 ～ 80 厘米，第二年离开 100 厘米以上；3 年以后留 150 厘米以上。如果间作太近，除耕作时易损伤树根及树体外，还会影响栗园的通风透光。

注意选择适宜的间作物种类，不要种植秋季需水过多且易招引叶蝉等害虫的作物，否则易使栗树抗冻性降低，遭受冻害和虫害。不要种植高度在 100 厘米以上的高秆作物，以免影响栗树的生长，尤其是在幼树期，更要注意这个问题。

间作物不要重茬，可采用土豆 - 小麦 - 豆类 - 花生 - 西瓜的轮作形式。间作时要施足肥料，不要使间作物与栗树发生争肥夺水现象（图 16）。

图 16　板栗间作花生、茶叶

26. 板栗对氮、磷、钾三要素的需求规律怎样？

氮、磷、钾是植物生长发育所必需的三大要素，应根据栗树的需肥特点，适时适量保证供应。

氮 氮素是栗树生长和结果的最重要营养成分，枝条中含氮0.6%，叶片中含2.3%，根中含0.6%，雄花中含2.6%，果实中含0.6%。氮素的吸收从早春根系活动开始，随着发芽、展叶、开花、新梢生长、果实膨大，吸收量逐渐增加，直到采收前还在上升。采收后开始下降，到休眠期停止吸收。充足的氮肥供应，能促进新梢生长，增加其叶面积，提高光合性能，有利于营养物质的积累，加速栗树生长发育，对幼树提早成形有重要作用；还能促进结果期树花芽分化、开花结实及果实膨大，提高坐果率和延长经济寿命。进入盛果期后，栗树对氮、磷、钾需要量增大，它们即成为影响产量的直接因子。当氮素不足时，栗树营养不良，栗叶变黄，叶小而薄，抽生结果枝少，严重时引起早期落叶，大量落果，抗逆性差。但若氮素过多，则会导致营养生长过旺，不利于树的生殖生长。栗树春季生长期消耗氮素最多，因此春季补充氮肥有利于新梢生长，使叶片肥厚，呈深绿色，提高光合效率，也能促进花芽分化和果实的生长发育，对产量有很大影响。但后期氮素过多会引起枝条徒长，影响枝条的充实和花芽分化，有时二次生长时产生二次开花结果，但是果实不能成熟而影响第二年的产量。因此，氮素的供应重点是前期。

磷 磷在栗树正常的枝、叶、根、花和果实中的含量分别为0.2%、0.5%、0.4%、0.51%和0.5%左右，虽然数量比氮素少，但对栗树的生长发育却起着重要的作用。在开花前磷吸收很少，从开花到采收期，吸收磷比较多而稳定，采收后吸收量很少，落叶前停止吸收。缺乏磷元素时，花芽分化不良，影响产量和品质，同时抗寒、抗旱力减弱。增施磷肥可促进新根的发生和生长，促进花芽分化和果实发育，提高产量和品质，增强抗逆能力。

钾 钾元素虽不是植物体的组成成分，但它参与树体的新陈代谢，能促进叶片的光合作用，还可促进氮的吸收和蛋白质的合成，可促进细胞的分裂和增大，使果实增大，提高坚果的品质和耐藏性，并促进枝条的加粗生长和机械组织的形成，促进果实成熟，提高果实的品质。同时，钾还能促进新梢生长，提高栗树抗旱、抗寒以及抗高温和抗病虫害能力。钾不足时，栗树代谢紊乱，光合作用受阻，碳水化合物的合成速度降低，树体生长缓慢，新梢细弱，叶面积减少，抗逆性降低。严重缺钾时，叶片叶缘出现黄斑，向下卷曲枯死，产量和品质明显降低。栗树在开花前吸收钾很少，开花后迅速增加，从果实膨大期到采收期吸收最多。因此，钾肥施用的重要时期是果实膨大期。

37. 板栗对微量元素的需求规律怎样?

栗树除需要氮、磷、钾等元素外，还需要硼、锰、铁、锌、钙等中量和微量元素。

硼 硼是板栗正常生长发育不可缺少的元素之一。在栗园中适量施硼，可提高板栗的产量和品质。硼能提高板栗的光合作用，促进蛋白质的合成和碳水化合物的运转。板栗花中硼的含量最高。研究证明，硼与板栗分生组织的形成和生殖器官的生长发育有密切联系，它能促进板栗花粉发芽和花粉管生长，对子房发育有一定影响。硼在板栗体内活动性弱，不能被再度利用。

板栗空苞现象主要就是土壤中缺硼引起的，因为硼是板栗受精过程中的必要元素，板栗缺硼时雌花不能正常发育。空苞多数长到核桃大小时停止生长，一直保持绿色，挂在树上不易脱落。据调查，信阳有些栗园空苞率一般在15%～20%，个别栗园可高达50%。栗园施硼肥，是减少空苞的关键。

锰 锰也是板栗正常生长发育不可缺少的元素之一。锰是植物体内各种代谢作用的催化剂，对叶绿素的形成、体内养分运转等也有一定作用。板栗是高锰植物，需锰量比其他果树高。酸性土壤有利于对锰的吸收，所以板栗适宜在酸性土壤上种植。缺锰时表现为代谢紊乱，叶片失绿变黄，严重缺锰时从幼嫩叶开始发生焦灼现象。防治土壤缺锰症，可增施有机肥，提高土壤中有效锰含量。因为土壤中有机质分解时产生有机酸，可降低土壤 pH，从而增加锰、铁、铝等元素的有效性。

钙 钙存在于板栗细胞液和细胞膜中，果胶中的钙使细胞膜保持弹性。钙可促进养分吸收，参与蛋白质的合成。栗树严重缺钙时，植株矮小，幼叶卷曲，叶缘焦黄坏死，根系少而短，树体抗逆性差，栗实不耐储藏。

铁 铁是多种氧化酶的组成成分，与叶片光合作用、呼吸作用有密切关系。栗树缺铁时，酶活性降低，影响叶绿素的形成，叶脉变黄，叶片部分失绿，出现褐色枯斑或枯边，并逐渐枯死脱落。向土壤中施入硫酸亚铁或在叶面喷洒硫酸亚铁溶液，可有效防治果树缺铁症。

锌 锌与叶绿素和生长素的合成有关。栗树缺锌时，先端生长素含量低，细胞吸水少，不能伸长，枝条下部叶片常出现斑纹或黄化，新梢顶端叶片狭小，枝条细弱。向土壤中施锌肥或于生长季节向叶面喷施硫酸锌溶液，可有效防治栗树缺锌症。

38. 如何确定板栗的施肥时期？

施肥时期应根据其需肥及肥料种类而定，这也是科学施肥的内容之一。

基肥 生产中用的基肥都是迟效农家肥，包括厩肥、堆肥、绿肥、坑肥等。农家肥施入土壤后需要经过腐烂分解才能被根系吸收，因此，基肥必须早施才能发挥肥效。一般在秋末落叶前施肥为好。有些绿肥杂草等，也可在雨季压入土壤。

实践证明，9 月下旬至 10 月上旬秋施基肥比 11 月冬施的效果好，有利于栗树雌花芽分化，特别是对进入盛果期大树秋施基肥尤为重要，有利于克服大小年现象。秋施基肥应以有机肥为主，辅以适当无机肥。有机肥含有丰富的氮、磷、钾和各种微量元素，所以也叫完全肥料。它含有大量的腐殖质，肥效持久。合理使用有机肥能改善土壤通透性，改良土壤理化性质，为栗树生长创造良好的条件。

追肥 追肥是用速效性肥料，以施无机肥料为主，在生长期使用。无机肥料见效快。常用的化肥有尿素、硝酸铵、硫酸铵、碳酸铵、碳酸氢铵、氨水、过磷酸钙、磷酸二氢钾、氮磷钾复合肥、磷酸二铵、钙镁磷肥等。以上磷肥也可以用作基肥，最好和农家肥混合使用。为生产高档板栗，在有大量有机肥的基础上，应尽量少施化肥，尤其是人工合成的化学肥料。

栗树在一年中的不同时期对主要营养元素的吸收量不同，我们应根据板栗树体内氮磷钾含量的变化规律，进行施肥。追肥的时间最好在早春雌花分化时期。据试验，在土壤贫瘠的条件下，施用以氮肥为主的化肥，可以增加雌花量 79.3%，提高叶绿素含量 69%，明显提高光合效率，比不施肥的增产 76.2%。施肥必须结合灌水，有些地区没有条件灌水，也可在 7 ～ 8 月雨季施化肥，这样有利于果实的膨大，增加单果的粒重。据试验，在雨季追施磷酸二铵可使坚果变大，增产 38.2%。

由于板栗产区一般土壤比较瘠薄，有机质含量很低，所以合理追肥的增产效果特别明显。追肥一年进行 3 次：第一次在萌芽前，3 月底至 4 月中旬，是叶芽及花芽分化期，及时追施雌花分化肥，是提高雌花数量和质量、促进结果枝生长的重要措施之一。以氮肥为主。第二次在盛花期追施坐果肥，在 5 月中下旬至 6 月初，由于雄花开放，树体养分大量消耗，此时正值新梢速生期，幼果开始发育，若养分供应不足，会引起幼果发育不良。适时追施速效肥料，有利于提高坐果率、促进幼果和新梢生长。第三次是果实膨大期，7 月初至 8 月底是栗实迅速膨大期及果肉干物质积累期，对养分需求旺盛。及时追施复合肥，可有效提高果实产量，使果实饱满，并增强栗实抗病虫害能力。

39. 如何确定板栗的施肥量?

施肥量应根据栗树生长势、树龄、物候期及土壤肥力情况而定。一般幼树、旺树可适当少施，大树、弱树应适当多施。土质差的栗园较土质好的多施。

随着果树营养研究的发展，应用叶片分析法确定树体营养状况可为科学施肥提供依据。根据叶片分析结果确定施肥种类及施用量，并有针对性地调整营养元素的含量及比例，可促进树体正常生长发育。据测定，栗树树体氮、磷、钾含量与板栗年生长物候期密切相关。板栗树体一年中氮、磷、钾含量的变化规律是：①枝条含氮量在休眠期及萌芽初期较高，开花期降到最低值，谢花到坚果膨大之前含量较为稳定，坚果速生期枝梢含氮量明显下降，栗实采收后枝条含氮量回升。②树体内磷含量在萌芽初期略低于含氮量，但结果母枝中含磷量较高，以满足花芽分化的需要，随着新梢加速生长及雌花的形态分化完成，枝条含磷量逐渐下降，至开花期降到最低点，谢花后树体各类枝条的磷含量开始回升，进入幼果膨大期，枝条含磷量又开始下降，栗实采收后枝内含磷量再度回升。③枝条含钾量在萌芽初期最高，随着枝、叶、花、果的生长而逐渐降低，开花前与栗实采收前母枝含钾量近于零，栗实采收后含钾量开始回升。

40. 栗树的需肥规律怎样？

栗树在一年中不同时期对主要营养元素的需求量不同，应根据树体内氮、磷、钾含量的变化规律，确定施肥种类和施肥量。全年需氮最多的时期为 4 ～ 6 月新梢、叶片、花及幼果生长期。对钾的需求量与新梢生长、果实膨大增重关系密切，结果树 7 月中旬到 9 月初需钾量剧增。对磷的需求量在 4 ～ 6 月及 8 月初至 9 月初最高。

据河南省板栗丰产林地方标准，栗树每生产 100 千克坚果，需要纯氮肥 3.2 千克，磷肥 0.76 千克，钾肥 1.28 千克。施肥可根据预测产量指标，结合当地土壤肥力，计算全年施肥量，将 2/3 作为基肥，1/3 作为追肥。中等土壤肥力的栗园施肥量见表 10。

表10　中等土壤肥力的栗园施肥量（千克/亩）

树龄（年）	产量指标	施肥种类	全年施肥量	施入方式	
				基肥	追肥
1 ~ 5	30 ~ 100	氮	4.0	2.0	2.0
		磷	1.5	1.0	0.5
		钾	2.0	2.0	0
6 ~ 10	100 ~ 150	氮	6.0	3.0	3.0
		磷	2.0	1.0	1.0
		钾	2.5	1.5	1.0
> 11	150 ~ 200	氮	8.0	4.0	4.0
		磷	2.5	1.5	1.0
		钾	3.0	2.0	1.0

41. 如何对栗树进行土壤施肥？

土壤施肥应与根系分布特点相适应。栗树根系水平分布的广度一般为冠径的 2 倍以上，但以树冠垂直投影边缘处分布比较集中。其根系的垂直分布与土壤条件关系密切。土层深厚、疏松、肥沃、地下水位低的，根系分布较深，因此施肥深度应根据根系的分布深度而定，施肥的水平位置为树冠外围垂直边缘处。土壤施肥的方法主要有条状沟施、环状沟施、放射状沟施和全面撒施 4 种。

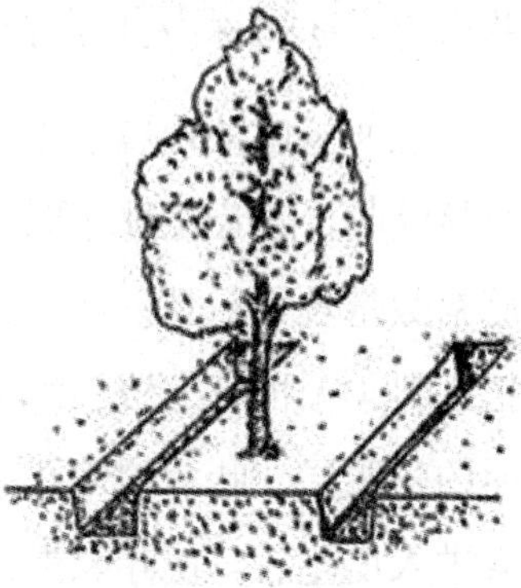

图 17　条状沟施

条状沟施　在树冠投影外的位置上，挖深 30 ～ 40 厘米，宽 30 ～ 50 厘米的条状沟。可以在树两边挖，也可在四边挖（图 17）。梯田地的栗树，上下两边的根系较少，左右两边根系较多，以挖左右两边为主。而后把肥料施入沟内，上面覆土。挖沟的位置逐年向外扩展。

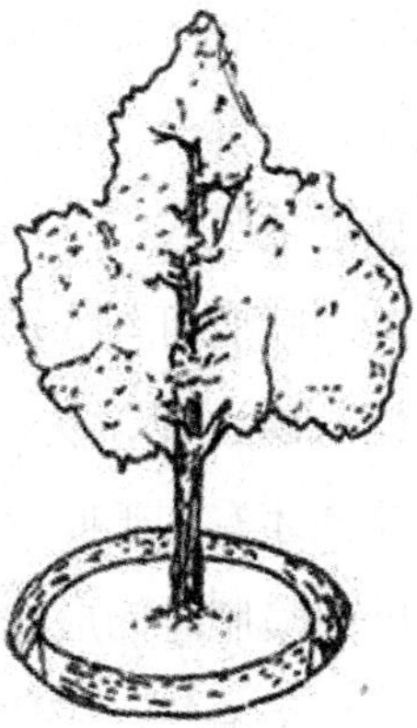

图 18　环状沟施

环状沟施　为了有利于小树根系的扩大和吸收，常用环状沟施肥（图 18）。即在树冠外围 20 ～ 30 厘米处，挖 30 ～ 40 厘米宽、20 ～ 30 厘米深的环状沟施肥。环状沟的位置每年扩大和外移。

图 19　放射状沟施

放射状沟施　较大的栗树宜用此方法施肥。以树干为中心，放射状挖沟，沟宽 30 ～ 40 厘米，深度在靠近树干处要浅，以免损伤大根，向外加深，长度视树冠大小而定，一般 1/2 在树冠内，1/2 在树冠外（图 19）。根据肥料的数量可挖 4 ～ 8 条放射状沟，下一年沟的位置加以变化。以上 3 种施肥力法如图 15。

全面撒施　把肥料均匀地撒在栗园树冠内外的地面上，而后深翻入土，使肥料混入表土。这种方法适合成龄栗园大树以及肥料非常充足的栗园。其缺点是施肥于表土，易引起栗树根系上移。一般情况下，施肥后应浇一次透水，以促进有机肥分解和根系吸收。山区灌溉条件差的地方应深施，地面追肥要趁墒施。

42. 如何对栗树进行根外施肥？

上述施肥法均属于土壤施肥法，肥料施在栗树根系分布的土层内，由根系直接吸收，再运输到树体地上部分供生长发育。土壤施肥的主要缺点为效果慢，肥料数量较大，且易被分解、流失。目前根外施肥已日益广泛地被采用。它是把肥料（无机肥）溶于水中，用喷雾器喷到叶片、新梢及果实上。肥料通过叶面的角质层、叶背的气孔，新梢及果实的皮孔进入组织内，再到其他器官。氮素进入皮孔后，使叶绿素含氮量增加，它可直接参加光合作用。根外追肥比根部施肥用量少，效果快，利用率高。叶面喷尿素 15 ～ 120 分，就可以被植物体的组织吸收，比土壤施肥根吸收效率高出 1.5 ～ 2.5 倍。磷肥施入土壤部分被固定，一部分需要有一定的条件根系才能吸收，效率很低，而通过叶面追肥很快就能被吸收。

叶面喷肥可与农药混合喷雾，节省劳力，简便易行。叶面喷肥浓度不宜过高，氮、磷、钾、铁、锰、锌等，喷施的浓度在 0.3%～ 0.5%，低浓度溶液多次喷施才有利于叶片吸收。

叶面喷肥时间应选在空气湿润、没有风的天气进行，宜在上午或下午喷施，不宜在中午喷施。应注意在干燥多风的情况下，水分蒸发快，肥料浓度容易升高，易引起药害。

叶面喷肥对于缺水的山区、不便施肥的地区或土壤，经济效益较显著。

栗树叶面喷施肥次数与时期如下：

第一次在 5 月中旬至 5 月下旬，喷施尿素，浓度为 0.25%～ 0.30%；第二次在 6 月中下旬，喷施尿素，浓度为 0.3%～ 0.5%；第三次为 7 月上旬，喷施尿素，浓度为 0.3%～ 0.5%；7 月上旬以后，每 15 天喷磷酸二氧钾，浓度为 0.1%～ 0.3%，至 9 月上旬；8 月上旬至 9 月上旬，喷尿素 3 次，浓度为 0.3%～ 0.5%。

栗子采收后 1 个月内喷 0.3%～ 0.5%尿素与 0.1%～ 0.3%磷酸二氢钾溶液各一次，有利于增加树体营养物质的储存。

43. 在石灰岩地区土壤呈微碱性的栗园怎样施肥？

我国北方地区一些板栗园分布在干旱、半干旱地区。这些地区年降水量很小，淋溶性较弱，土壤溶液多呈微碱性，pH 7.5 ～ 8.5。在很多情况下，土壤pH 对植物生长的影响，即是 pH 对土壤养分有效性的影响，钙和镁的有效性在 pH ＜ 6.0 的范围内，随 pH 升高而增大，铁、锰、铝的有效性是随 pH 的降低而提高。在石灰性或碱性土壤，铁与锰的有效性很低，栗树容易发生缺铁、锰等症状，栗树生长不良，严重时会使栗树死亡，土壤的碱性不利于栗树的生长，需要对土壤进行改良，降低 pH。

多施有机肥　有机肥分解时能产生大量的二氧化碳，可以增加土壤中碳酸钙的溶解度，削弱其碱性。有机肥分解时还能产生各种有机酸，如腐殖酸、胡敏酸、富里酸等，它们可以中和土壤的碱性。

多用酸性、生理酸性肥料　如硫酸铵、氯化铵等铵态氮肥，因这些肥料可以调节土壤反应，铵态氮在碱性条件下易被吸收，而相应的酸根，如硫酸根在土壤中游离，可中和碱性，改良土壤。

利用化学改良剂　化学改良剂分为两类：一类是含钙物质，如石膏、磷石膏、碳酸钙、亚硫酸钙等；另一类是酸性物质，如硫黄粉、二氧化硫等，改良碱性土壤有效。利用化学改良剂后，可以明显改善土壤的理化性质。施用化学改良剂宜在 7 月高温多雨时期为佳。施用时先整地后施改良剂，每亩地施用磷石膏 100 千克。施用前一定要把石膏充分磨细。

利用酸性改良剂　这类改良剂如硫酸亚铁、风化煤。

种植绿肥　绿肥的土壤改良作用与有机肥料的土壤改良作用是相同的，它可以改善土壤的物理性状，降低土壤容重，增加土壤的孔隙度，使土壤微生物活性增强，不断提高土壤的呼吸强度，增强透气性，从而促进土壤有机质的分解与腐烂，有利于土壤的改良。绿肥与化学改良剂结合运用，土壤改良的效果更加显著。

44. 科学施肥的新技术是什么？

栗树雄花多，雌花少，一直是妨碍其高产的重要原因。试验证明，对土壤施磷，可使不结果的细弱枝分化雌花，转化为结果枝。这种转化显著增加了混合花枝的数量，使混合花枝对雄花枝的比例提高。对土壤施磷，可以提高树体的磷素含量水平，增加结果枝的平均总苞数和单株产量。

增施、深施磷肥，混合有机肥施用，合理疏剪，使施磷后树体磷素营养水平提高，栗树雌花枝（即混合花枝）数增加，雄花枝数减少，每果枝平均结苞数增多，产量显著提高。

施磷肥技术 株施过磷酸钙 2 千克，混合有机肥 50 千克。经两年连续株施并结合疏剪部分雄花枝、纤细枝、过密枝后，平均株产 7.5 千克，折合为亩产 300 千克。

施磷中应注意的事项 施磷中要掌握缺磷低限临界值。试验证明：土壤速效磷含量低限临界值可定为 12 毫克 / 千克。土壤速效磷含量低于此值时，必须增施磷肥；土壤速效磷含量在 20 毫克 / 千克左右时，也应增施磷肥；高于这个含量的，增施磷肥也有较显著的增产效果。增施磷肥要与合理修剪相结合，以达到开源节流，增加营养，促进雌花分化，提高产量的目的。增施磷肥要与增施有机肥相结合，以改善土壤环境，增加土壤综合营养，加速固态磷的活化，增加速效磷的含量，提高树体对磷素的吸收和转化。

45. 板栗常用复合肥有哪些?

含有两种以上营养元素的合成肥料叫复合肥，肥效高，施用方便，现已在生产上大量应用。常用复合肥养分含量及主要性状见表 11。

表11 常用复合肥

肥料名称	养分含量（%）			物理性状
	氮	磷	钾	
磷酸一铵	12	60		白色晶状或粒状，吸湿性强，易溶于水
磷酸二铵	21	51 ~ 53		白色晶状或粒状，吸湿性强，易溶于水
硫磷铵	16	20		白色，无吸湿性，易溶于水
硝酸钾	13 ~ 15		45 ~ 46	白色晶体，易溶于水
氮钾肥	14		16	白色晶体，吸湿性弱，易溶于水

46. 板栗常用农家肥有哪些?

农家肥包括人粪尿、厩肥、堆肥、饼肥、绿肥、塘泥等，属有机肥料（表12）。农家肥中除含有丰富的有机质外，还含有丰富的氮、磷、钾等元素和各种微量元素。有机质在分解过程中，缓慢、均衡地释放出各种营养，供树体生长需要。它是树体营养的主要来源。常施、多施有机肥料，有利于疏松土壤，改良土壤结构，提高土壤水肥保持能力，促进树体生长发育，提高果品品质。

表12 常用农家肥及营养含量（%）

名 称	有机质	氮	磷	钾
人粪尿	5 ~ 10	1.04	0.36	0.34
猪 粪	15	0.56	0.40	0.1 ~ 0.5
牛 粪	14.5	0.32	0.25	0.15
羊 粪	20	0.55	0.50	0.25
堆 肥	5 ~ 15	1.13	0.48	1.54
塘 泥		0.27	0.59	0.91
大豆饼		7.00	1.32	2.13
棉籽饼		3.41	1.68	0.97
菜籽饼		4.60	2.48	1.40
田 菁		0.52	0.07	0.15
紫穗槐		1.32	0.30	0.79
鲜野草		0.54	0.15	0.46

47. 优质板栗生产允许使用的肥料种类有哪些?

有机肥料及有机复合肥　如堆肥、厩肥、沤肥、沼气肥、饼肥、绿肥、作物秸秆等农家肥。凡堆肥，均需经 50℃以上发酵 5 ～ 7 天，以杀灭病菌、虫卵和杂草种子，去除有害气体和有机酸，并充分腐熟后方可施用。

腐殖酸类肥料　如泥炭、褐煤、风化煤等。

微生物肥料　如根瘤菌、固氮菌、磷细菌、硅酸盐细菌、复合菌等。

无机矿质肥料 如矿物钾肥、硫酸钾、矿物磷肥（磷矿粉）、钙镁磷肥、石灰石（酸性土壤使用）、粉状磷肥（碱性土壤使用）（图 20）。

图 20 无机矿质肥料

叶面肥料 如微量元素肥料，植物生长辅助物质肥料。

48. 优质板栗生产限制使用的化学肥料有哪些？

氮肥施用过多会使果实中的亚硝酸盐积累并转化为强致癌物质亚硝酸铵，同时还会使果肉松散，果实中含氮量过高还会促进果实腐烂。生产优质板栗不是绝对不用化学肥料（硝态氮肥要禁用），而是在大量施用有机肥料的基础上，根据果树的需肥规律，科学合理地使用化肥，并要限量使用。原则上化学肥料要与有机肥料、微生物肥料配合，做基肥或追肥，有机氮与无机氮之比以 1：1 为宜（大约掌握厩肥 1 000 千克加尿素 20 千克），用化肥追肥应在采果前 30 天停用。另外要慎用城市垃圾肥料。商品肥料和新型肥料必须经国家有关部门批准登记和生产的品种才能使用。

49. 栗树的需水规律是什么？

栗树大多分布在山区，耐旱但喜水，故有“旱枣涝栗”之说，常因干旱而减产。栗树需水的规律是，新梢加速生长期和果实迅速膨大期，需水量最多，是需水的关键期。北方地区常常春旱，要求结合春季追肥浇一次透水。南方地区春季雨水较多，一般不必灌水，但常有伏旱，影响果实膨大，所以在夏秋之交、气候干旱时要灌水。北方 7～9 月是雨季，要尽量积蓄水分，充分利用雨水。雨后要松土，切断土壤毛细管，利于土壤保墒。秋季施基肥后要灌水，以促进肥料分解。灌足上冻水是栗树根系生长和防止冬季干旱抽条的有效措施。保持冬季土壤水分，可抵抗早春干旱，对栗树安全越冬和来年雌花分化都极为有利。

灌水的方法一般都能掌握，山区灌水有一定困难，必须做到科学用水。有些地区用滴灌，也有用管道浇水和喷灌，都能节省水源，提高灌水效果。总之水要用到关键的时期，并做到科学用水。

50. 栗树灌水的方法是什么?

栗树虽是一种抗旱性较强的树种，但要生产优质高档板栗，提高栗实产量和品质，也应当合理灌水。根据栗树生长发育的需要和降水分布情况进行灌水是合理灌水的主要依据。北方地区经常发生春旱，所以早春需要浇水，秋季栗实迅速膨大，也要求浇水；在南方夏季经常出现伏旱现象，此时需要浇水。

早春浇水 即在栗树发芽前结合施速效性肥浇水。春季是栗树各器官迅速建造时期，春季浇水可使结果枝增粗，果前梢大芽多，栗苞多，产量提高。

若在春季久旱不雨，又无灌水，栗树不仅当年雌花数量少，而且果前梢（尾枝）的饱满芽数量也少，严重影响当年的产量，而且还将影响第二年的产量。因此，在有条件的地区，早春（2 月下旬至 3 月中旬）施追肥后一定要浇水；没有浇灌条件的山地丘陵，在早春要做好保墒，可利用地膜或秸秆进行土壤覆盖。

秋季浇水 即灌浆水，时间在 8 月中下旬至 9 月初。秋季雨水的多少对栗实单粒重有直接影响，若秋季干旱，则板栗的球苞皮厚，坚果小，但栗仁含糖量增高，风味优良，而且也耐储运；秋季雨水多，球苞皮较薄，坚果单粒重增加，但栗仁含糖量降低，风味较淡，耐储性较差。秋季浇水对当年产量及第二年栗树生长及产量有利。

夏季浇水 南方夏季气温高，土壤水分蒸发量大，栗树枝叶需要大量水分供应，若夏季雨水少，干旱严重，新梢生长受到抑制，影响芽的生长发育和栗实的生长，严重时经常出现枝叶枯黄、凋萎、落果和产生空苞现象。因此，在干旱夏季对栗树要浇一次水。

滴灌 滴灌是一项既省水、省工、省投资，又增产效果明显的较先进的浇灌技术（图 21）。尤其是在干旱山区，更能显出这项技术的先进性与优越性。滴灌的栗树，不但产量高，品质优良，而且奠定了第二年产量的物质基础。河北省农林科学

图21　滴灌

院1982年在达志沟与杨家峪设置了3个滴灌区，当年就收到了显著的增产效果，达志沟两个滴灌区比对照增产173.43%和259.77%，杨家峪滴灌区比对照增产164%～185%。

图22　喷灌

喷灌　即利用喷灌机械将水射入空中均匀地落到栗树上的浇水方法（图22）。喷灌也是省工、省水且比较方便的现代灌溉方法。

喷灌有两种方式：一是地下管道固定喷头法，此法设备成本较高；二是移动管道加喷灌机法，此方法简便易行，便于推广。近年来，一些地方从以色列引进先进的微喷系统，可同时喷肥、喷药，且省水高效。

51. 栗园保墒应该注意的事项有哪些？

北方栗园，尤其是山区少雨的栗园，必须做好扣墒工作。

栗园保水　根据土壤水分在年周期内的变化规律，我国北方栗园应在雨季到来之前进行深翻或者深耕，使栗园土壤储蓄更多的雨水。农谚“深翻一寸，等于上粪”，就是指深翻或者深耕能够创造深厚的活土层，同时也有利于雨水渗入土壤。深翻或深耕要结合耙耱，保持土壤水分，深翻宜早不宜晚，早翻可使栗园土壤储藏更多天然降水与减少水分的蒸发量。深翻或深耕应结合其他水土保持措施，如水平防冲沟，就能更好更多地把雨水拦阻在栗园内。

降水进入土壤之后，就转化为土壤中的水分。但这些水分是否能保留在土壤内，主要取决于蓄墒之后是否重视保墒工作，只重视蓄墒而不重视保墒工作，往往效果不好。据西北农林科技大学观测，雨季末期土壤内水分的补给量往往也仅占到同期降水量的30%～50%，大量的降水仍消耗于土壤蒸发。因此，保墒问题是山区栗园重要的农业技术措施。

中耕保墒　中耕是指栗树在生长期中对土壤进行的耕作，如锄地、耙地、铲地等措施都属于中耕的范围。中耕的作用在于疏松表土，切断毛管水的上升，减少水分蒸发；并能破除土壤板结，改善土壤通气性，增加降水渗入，蓄纳降水，也便于提高地温，加速养分的转化，同时消灭杂草，减少水分、养分等消耗。在夏季雨后随即进行中耕的栗园比不中耕的栗园，7 天以内可以少蒸发 9.8 毫米的水分。中耕早则效果好，但过早或过晚均非所宜。秋季中耕能减少径流，增加储蓄降水的能力，为下一年栗树生长发育创造良好的土壤水分条件。春季中耕宜早宜浅，而且紧接着耙压耱作业，这样可以减少漏风跑墒。总体上而言，秋耕的效果胜于春耕，但对山地栗园在春、夏、秋季进行中耕都是重要的土壤保墒措施。

52. 山地丘陵栗园如何提高土壤水分利用率？

在山地丘陵板栗生产中，要提高土壤水分的生产效率，除了做好减少径流，储蓄更多的天然降水，做好土壤保墒，降低土壤水分蒸发量外，还必须同时采用以下措施。

选用耐干旱的高产良种　所谓耐干旱高产良种，是指在遭遇到干旱时，虽然减产，但树体抗旱力较强，减产幅度不大，一般在 20%以内，而比较稳产，在正常年分又有较大的增产潜力的品种。那种虽然稳产，但增产潜力不大和那种大起大落的品种，就不适宜在山地丘陵种植与推广。根据我们观察结果，南方板栗品种的耐干旱性不如华北地区板栗品种，但华北地区如北京的燕丰，河北省的燕魁，山东省的红栗、红光、金丰等品种耐干旱性较差。南方地区耐干旱性较强的品种有河南的豫罗红、安徽的叶里藏、广西的中果红油栗等；北方地区耐干旱的品种有北京地区的燕红、银丰，河北省的早丰、北峪二号，河南的谷堆栗等。

适当增施肥料，培肥地力，提高水分利用效率　要使山地丘陵栗园土壤中有限的水分能发挥作用，提高土壤水分利用率，提高土壤肥力是重要的前提。土壤肥沃度越高，植物需水量越低，这时因为土壤施肥后水分利用率得到提高，而栗树对水分的需要量下降。从肥料三要素与需水量试验结果表明，不同矿质元素缺乏，对需水量影响不一，如氮和磷的缺乏，对需水量的影响比较大，即氮和磷缺乏时，树体需要更多的水分供应，钙缺乏对需水量影响最小。不少材料表明，土壤肥力高和施肥恰当时就可以降低树体的需水系数和提高树体的产量的比率。

土壤处理 土面增温剂，可抑制蒸发率达到80%～90%。石蜡乳剂，可抑制蒸发率达到70%～80%。目前土壤处理剂的用量较大，使用不方便，但它具有较明显的抗旱增产效果。

栗树处理 喷洒0.4%磷酸二氢钾溶液，能增强栗树抗干热风的能力。喷洒10%草木灰溶液，能增加叶片的含钾量，从而提高栗树的抗干旱力。喷洒黄腐酸，能使叶片的蒸腾强度降低25%～30%，产量提高10%左右。

若栗园长期积水，则土壤中氧含量降低，根的呼吸作用不能正常进行，影响养分吸收，甚至因长期缺氧导致树体死亡。特别是土质黏重的栗园，树盘底层土要与排水沟打通，防止树盘（穴）积水，做到雨季能及时排水。

53. 栗树放任生长的危害有哪些？

放任栗树生长，管理比较粗放，常年不修剪任其自然生长，产量一般相当低，在生长和结果上表现出以下特性。

大枝多而分布不均匀 年幼的栗树是1/2叶序，叶腋中的芽左右对称，芽萌发形成的枝条也左右对称，形成一个平面。因此，实生树基部的大枝也呈一个平面，形成平行枝和重叠枝。因枝条顶端优势强，往往前面几个大芽抽生出旺枝，以下侧芽形成细弱枝，这些弱枝逐年死亡。旺枝越长越高，并不断分杈，最后大枝很多，互相竞争伸长，形成圆头形，小枝在外围一圈，内膛光照不足而形成大枝光秃，树冠高大，内膛无小枝。这类大树有效结果面积比较小，树体高大，养分大多数消耗在枝条旺长和保持大量枝条的生命活动方面。这是板栗低产的重要原因。

外围结果 自然生长的栗树，结果部位都在外围，内膛不结果。产生的原因：①带有雌花的混合芽都在枝条的顶端，也就是结果部位都在枝条的顶部。②带有雌花的混合芽必须是生长势强的枝条，内膛光照不足形成的弱枝不能结果。③栗树枝条顶端优势强，生长越来越高，内膛枝营养条件差而逐渐死亡，只有前端枝不断延伸，从而形成内部光秃。叶片主要在树冠外围，结果部位只有外围一圈。从外表看结果量可观，实际上全树产量很低。

产量上的大小年现象明显 当板栗产量比较高时，树体消耗养分多，同时树体高大，枝条、茎干和根系上消耗养分也很多。丰收年树体营养亏损，花芽分化受到严重影响，来年春季雄花数量并不少，但不能分化雌花。形成的雌花少，所以结果少，产量降低。产量低，继而又有利于树体营养积累，下一年又使产量提高。这就是产量上的大小年现象。一般果树管理不当都会产生这种现象，而板栗更为明显。在很多情况下，一年丰收后还会形成两个小年，即一年还不能恢复树势，连续两年低产，致使板栗不能高产稳产。

54. 栗树整形修剪的作用有哪些?

栗树整形修剪的目的，是要减少大枝数量，控制树冠，增加和稳定结果枝的数量，使栗树能立体结果（内膛结果），克服大小年现象，达到高产稳产的目的。通过修剪栗树，可以起到如下作用：

促进栗树早结果、早丰产 正确的整形修剪，可有效地控制栗树的顶端优势，缩短树体营养物质的运转距离，形成低干、矮冠、通风透光良好的树形，促进栗树早实、丰产和稳产。整形修剪是集约化栽培的关键环节。低干、矮冠树培养容易，树冠整齐，骨架牢固，结果早，适于密植，早期单产高，便于管理和机械化作业。合理的修剪，可通过剪除细弱无效枝，使结果母枝分布均匀、养分充足、生长充实、芽饱满，从而促进生殖生长，利于早结果、早丰产。

调整生长与结果的关系 栗树生长与结果的矛盾贯穿整个生命过程。若树势过旺，大量的养分被营养生长所消耗，则不利于花芽形成，产量就低；若树势过弱，抽生的新梢瘦弱，也难以形成花芽。修剪就是调整树势的过强或过弱生长，协调树体的营养生长和生殖生长，使二者均衡发展。当树势过强时，多短截，少疏枝，分散养分供应；树势较弱时，少短截，多疏枝，保证树体养分集中供应留下的枝条。生产中要灵活运用修剪技术，适度调节生长与结果的关系。

改善树体光照条件，提高光能利用率 板栗为喜光树种，充足的光照是获得栗实丰收的保证。栽培上必须从增加叶片数量、保持适当郁闭度、延长光照时间、提高叶片光合效率等方面入手提高光能利用率。通过整形修剪，使树体结构合理，能充分利用光能，调节水分和营养的分配与运转，防止结果部位外移。如整形修剪时采用低干、矮冠、三大主枝自然开心形，降低树高，减少主侧枝数量，增加结果母枝等，把树冠培养成外稀内密、上稀下密，里外透光的良好结构。剪除不见光的寄生枝、过密枝，改善内膛光照条件，促进树体生长发育和养分积累。整形修剪是栗园集约型经营的重要一环，只有在加强综合管理的基础上，方能充分发挥其效能。栗农总结的“板栗生产，土肥水管理是基础，病虫害防治是保证，整形修剪是关键”，充分说明了整形修剪与其他管理措施的关系。

55. 整形修剪对栗树生长的影响是什么?

整形修剪对栗树生长有促进局部和抑制整体的双重作用。

促进局部 整形修剪对局部的促进作用，是因为修剪减少了枝芽的数量，改变了原有的养分分配关系，使养分集中供应保留下来的枝芽。同时，通过修剪改变了树体的通风透光条件，提高了光合效率，从而使修剪部分的长势有所加强。修剪对局部的促进作用常表现为树龄越小，树势越旺，促进效果越明显，但与修剪方法及剪口芽的质量有一定关系。短截的促进效果表现在剪口第一芽生长较旺，第二、三芽则依次递减。疏剪对剪口以下的枝条有促进作用，对剪口以上的枝条则有抑制作用。通常情况下，剪口留强芽，抽枝粗壮；剪口留弱芽，则发枝细弱。常说的“好芽抽好条”就是这个道理。

抑制整体 整形修剪在一定时间内，对栗树整体生长有一定的抑制作用，主要是因为剪下了大量的枝芽，缩小了树冠体积，减少了叶片同化面积；同时因修剪造成许多伤口，需要消耗一定的营养才能愈合。这一抑制作用的强弱与修剪量有密切关系，并随树龄的增长而减弱。通常是修剪量越大，对树的整体抑制作用也越强。对衰老树通过回缩修剪，缩短了养分运输距离，使养分集中使用，可起到更新复壮的作用；在加强肥水管理的基础上，适当重剪，可刺激根系发生新根提高树体生理活动机能，对衰老树更新复壮效果更为明显。

56. 整形修剪对栗树结果有什么影响?

合理的整形修剪，能有效地改善树冠内和树体间的通风透光条件，增强树体光合性能，有利于营养积累和花芽形成，为栗树丰产稳产创造良好的条件。若修剪方法不当，导致树体营养生长过旺或过弱，营养消耗大于积累，则不利于花芽分化和结果；或是结果过多，营养生长受到抑制，导致树体营养亏损，树势衰弱，出现大小年现象。因此，必须通过修剪协调生长与结果的矛盾，稳定树势，确保高产、稳产、优质。

修剪对栗树结果的影响同母枝强弱有密切关系。母枝壮芽所抽生的结果枝，当年结果可靠，同时还可以成为下一年的结果母枝，因此对不同的母枝应采取不同的修剪方法。另外，树上部的母枝由于顶端优势，一般比中下部枝生长势更强，故修剪的程度也不相同。

57. 修剪对树体营养物质分配和运转的影响是什么？

修剪的生理基础就是对树体营养物质的分配和运转进行适当的控制和调节，使养分得到合理的利用和分配。合理的整形修剪，可以调节树体枝条量、枝条位置和角度，改变树体内营养物质的分配和运转状况。

芽的萌发、花芽分化、枝条生长、果实发育等生理过程，以及树体内营养物质的分配和运转，都与树体内的激素控制有密切关系。合理的整形修剪，不仅能调节营养生长和生殖生长的关系，而且也改变了激素的平衡关系，使其向着有利于营养物质合成和积累的方面转化。

短截解除了顶芽激素对侧芽的抑制作用，提高了下部芽的萌发力；在芽上部刻伤，切断了顶端激素向下运输的通道，促使下部芽萌发。环剥、扭伤等也能影响激素的运输和分布。

58. 栗树整形修剪的原则是什么？

栗树整形修剪的原则是“以轻为主，轻重结合，因树制宜”，即修剪量和修剪程度，因树势而定。栗树有枝条先端结果习性，修剪时不宜过量短截。尤其对进入盛果期以前的幼树，修剪时更应以轻剪为主，以夏季连续摘心为主，这样有利于幼树早成形、早结果、早丰产。对盛果期大树，要求修剪以均衡树势为主，促控结合，保持树势健壮；对结果枝组宜以放为主，缩放结合，合理布局，使树冠内部通风透光，枝组健壮。对处于衰老期的栗树，修剪以更新复壮为主，进行较强回缩，同时加强土肥水管理，促进树势恢复，延长树体经济寿命。

59. 栗树整形修剪的依据是什么？

栗树因品种、树龄的不同，自然条件和栽培技术、管理水平的差异，其生长特性各异，整形修剪时必须综合考虑以下几个因素。

品种特性 品种不同，其生物学特性有异，如在成枝力、萌芽力、生长势、分枝角度、枝条硬度、雌雄花芽比例等方面均有一定的差异。因此，应根据各品种特性，采取与其生长结果习性相适应的整形修剪方法，使其符合我们的栽培目的。

自然条件和栽培技术 自然条件和栽培技术不同，同一品种的栗树生长发育差异很大。整形修剪时，应根据具体情况，灵活运用整形修剪方法。北方栗园，干旱少雨，栗树生长期短，生长量小，树体较小，适于培育小冠树形，骨干枝不宜过多过长，修剪应重，多疏少截，使养分集中使用，并注意及时回缩复壮，保持生长结果相对稳定。南方栗产区，立地条件好的栗园，温湿度适宜，树生长期长，若管理得当，栗树往往发枝多，生长量大，适于大冠树形，可采用主干疏层延迟开心形或自然开心形树形，主枝宜少，层间应大，要采取少疏多截的修剪方法，使养分分散使用，同时应在夏季进行多次摘心，促生分枝，促进早成形、早结果和以果压冠。密植栗园和稀植栗园相比，树冠宜小，树体要矮，管理水平要高。另外，地形、地势、花芽量、病虫害等情况都是整形修剪时需要考虑的因素。

树势和树龄 树龄和栗树的生长势关系密切。幼树从栽植的第二年起到盛果期前，一般树势旺盛，表现出较强的顶端优势；进入盛果期后，随着产量的增加，树势往往中庸偏弱。因此，对于幼树，在修剪上要做到“促控结合”，既要促使树冠迅速扩大，树体骨架尽早形成，又要控制树体旺长，抑强扶弱，使树冠紧凑，通风透光。修剪时可采用轻剪长放的方法，多留枝，促使花芽形成和早期丰产。对于进入盛果期的树，则要“大树防老”，延长经济寿命，修剪时注意适当重剪与回缩相结合，使其结果适量，从而稳定树势，保证稳产、优质。总之，修剪时要依据树势正确把握修剪的程度。

修剪反应 修剪反应是检验修剪正确与否的依据和标准。同一修剪法，由于枝条年龄、位置、长势不同，其反应也不尽相同。局部反应，即观察修剪后剪口下枝条生长和成花、结果情况。总体反应是看全株整体表现，如对树体促控情况，主要包括新梢生长量、花芽形成数量、年产量、树体生长势等。生产者应不断根据修剪反应总结经验，探索出适合当地品种及环境条件的修剪方法。

60. 自然开心形的树体结构和整形方法是什么？

树体结构　自然开心形的特点是树冠无中心干，主干高50～80厘米，在主干上选留长势均衡、角度开张、错落均匀的三大主枝，在主枝上间隔50～70厘米选留2～3个生长强壮的分枝作侧枝（图23）。这种树形具有树冠圆满、紧凑、开张，内膛通风，透光良好，结果部位多，产量高，便于管理等优点，是目前生产中推广的主要树形之一。此树形适合在山区、丘岗及平原地区矮、密、早栗丰产园中推广。该树形低干矮冠的结构特点，缩短了地上部分与根的距离，有利于水分和养分的运转。在山高风大及冬春气温变化剧烈的地区，采用此树形，可以减少风害、日灼。但采用该树形的栗园不利于间作。

图23　自然开心形

整形方法　板栗苗木栽植后，在距地面50～80厘米处剪截，即定干，注意剪口下方要留5～7个饱满芽，定干后促使萌发3～5个健壮枝条，以利整形。定干高度可因地制宜，对于山地、土壤瘠薄地、密植丰产栗园的栗苗，定干可稍低一些；对于平地、土壤质地好、肥力高、有管理条件的栗园，定干可适当高一些。定干当年，从剪口下抽生的枝条中选出3个长势均衡的枝条作为主枝进行培养，使枝条以基角50°～60°开张，向外围斜生，均匀错落地分布在主干周围。主枝选定，第二年以后，从各主枝抽生的健壮分枝中选留2～3个作为侧枝，侧枝在主枝上的间隔距离为50～80厘米，并左右错开。主、侧枝选定，在主、侧枝上配备临时性和永久性结果枝组，要求骨架结构牢固，合理利用空间，“大枝亮堂堂，小枝闹嚷嚷”，内外透光，立体结果。第二年至第五年的幼树，要加强夏季摘心工作，增加枝叶量，扩大光合面积，一般3～5年就可形成树冠。另外，整形时除骨干枝上的延长枝外，均应以轻剪为主，少疏多留，以利于幼树早成形、早结果、早丰产。

该树形培育技术简单，易于掌握和操作。

61. 主干疏层延迟开心形的树体结构和整形方法是什么？

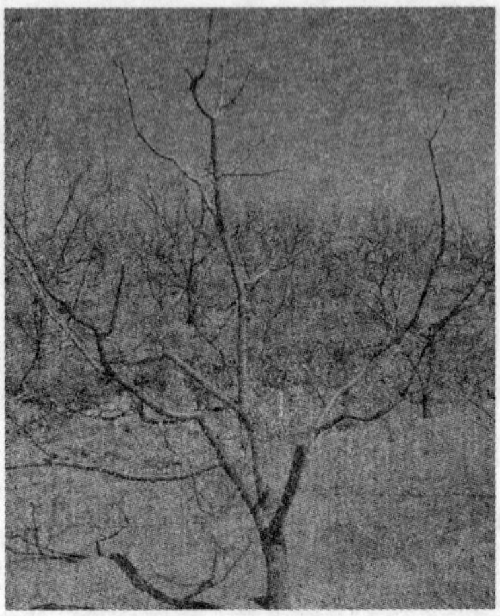

图 24　主干疏层延迟开心形

这种树形有中心枝，但当其达到预定的高度和大小时，则实行落头开心，培养成主干疏层延迟开心形（图 24）。

树体结构　结构特点为干高 50 ～ 80 厘米，有中心主干，主枝 5 个，分两层排列在主干上，第二层以上截去中心干。该树形的树冠呈半圆形，骨架结构牢固，结果面积大，负载量高；主枝分层着生，通风透光良好，枝多，分枝级次多；进入结果期早，产量高，树冠上下、内外立体分层结果。

整形方法

●定干。同自然开心形。

●培养主枝。主枝分两层着生在中心主干上，主枝 5 个，一般第一层为 3 个，第二层为 2 个。第一层 3 个主枝间距为 25 厘米左右；第二层主枝与第一层主枝的方位应相互错开，避免上下重叠，两主枝间距为 40 ～ 50 厘米，两层主枝间距 80 ～ 100 厘米，下层主枝基角为 50° ～ 60°。

●培养侧枝。每个主枝的第一侧枝最好选在同一方位，第一侧枝距主干 40 ～ 60 厘米，呈平侧或斜侧，夹角大于主枝。每一主枝上选留 2 ～ 3 个侧枝，全树共有侧枝 15 个左右。当第二层最后一个主枝长成后，截去中心主枝头开心，树体即形成。注意从第二年起，夏季进行反复摘心，这是幼树早成形、早结果的关键措施。

该树形适宜于土层深厚、疏松、肥沃的土壤条件上应用。其树冠易开张，有效结果部位多，但树体成形慢，树冠高大，不宜密植，管理难度稍大。

62. “十”字形的树体结构和整形方法是什么？

这种树形由 4 个大主枝呈交叉“十”字形构成（图 25）。

树体结构　树体结构特点是干高 50 ～ 70 厘米，树体分 2 层，主枝 4 个，每层由 2 个相对的主枝组成，互相交错呈“十”字形排列，每个主枝上有 3 ～ 4

个侧枝，全树有侧枝 12 ～ 16 个，层间距 1 米左右（图 25）。

该树形具有主枝少、侧枝多、层间距大、易成形、通风透光良好、产量高等特点。

整形方法

●定干。定植后，在苗高 50 ～ 80 厘米处剪截定干。

●培养主枝。冬剪时，选直立健壮枝作为中央领导枝，在饱满芽处进行短截；同时，在主干两侧选留出对称的 2 个主枝，即第一层主枝，每一主枝选留侧枝 3 ～ 4 个，第一侧枝距中心干 40 ～ 60 厘米，第二侧枝距第一侧枝 30 ～ 50 厘米，方向相反，第三、四侧枝依此类推。第三年冬剪时，在距第一层主枝 80 ～ 100 厘米处选留第二层主枝，其位置与第一层主枝交错呈“十”字形，并对所有的骨干枝、延长枝从饱满芽处进行中度或轻度短截。若第三年选不出第四个主枝，可于第四年再选。将中心领导枝从饱满芽处短截促其抽生壮枝，以利选择配备主枝。树冠基本成形后，保留 4 个主枝，短截中心领导干，进行开心，即完成了整形任务。

图 25　板栗“十”字形树体

该树形整形简单，技术要求不高。注意防止上层生长过旺，引起上强下弱现象。修剪时要抑上扶下，保持下层有较好的光照条件，使树体健壮生长，以利于早结果、早丰产。

63. 栗树冬季修剪方法包括哪些？

冬季修剪（图 26）在落叶后至翌年萌芽前完成，主要包括短截、疏枝、缩剪、刻伤等。

短截　将 1 年生枝条剪除一部分，叫短截。剪口芽一般留壮芽或弱芽，抽生的枝条相应地强或弱。当某一部位缺少枝条时，可

图 26　修剪弱枝

利用短截使其抽生几个新枝，占领空间。利用短截可以培养骨干枝，对幼树骨干枝的延长枝进行短截时剪口留壮芽，促其抽生壮枝，扩大树冠。短截可促使基部的枝条复壮，减少枝条干枯死亡，防止内膛光秃；同时，促使预定部位抽生新枝，改变原枝着生角度、方向，补充新的空间。栗树 1 年生枝短截主要是为了改变顶端优势，促其抽枝，但影响花芽形成和坐果。短截分轻度、中度和重度短截 3 种。

●轻短截。只截除枝条上部的一小段或 1/4 ～ 1/3。枝条轻短截后可抽生一些中短枝，缓和枝势，促进花芽形成和早期结果。

●中短截。在枝条中部饱满芽处剪截，剪去枝条长的 1/2。剪口下抽生中长枝多，且长势较强，有利于生长和扩大树冠。

●重短截。在枝条中下部或基部瘪芽处剪截，剪去枝条长的 2/3 ～ 3/4。使其抽生 2 ～ 3 个壮枝或中短枝。重短截多用于生长势过旺的枝、骨干枝的竞争枝、徒长枝或过密枝，以控制旺长，利于培养结果枝组。

疏枝 将枝条从基部剪去，叫疏枝。疏枝主要是疏除细弱枝、过密枝、交叉枝、重叠枝、衰老下垂枝、病虫枝、无用的徒长枝、过多的辅养枝、竞争枝、把门枝。其作用是减少枝条的数量，改善冠内通风透光条件，提高光合性能，增加养分积累，促进花芽形成和坐果。疏枝对剪口以下的枝条有促进作用，对剪口以上的枝条有抑制作用，剪口越大越多，对局部的削弱或增强作用越明显。疏枝对全树的生长起削弱作用，这种削弱作用的大小与疏枝总量和疏枝粗度呈正相关关系。疏除大枝时，对树势的抑制作用明显，因此要分期疏除，一次疏除不宜过多。

回缩 剪除多年生枝的一部分叫回缩。回缩修剪适用于盛果期大树和衰老树、老龄树的更新复壮。回缩对象为生长衰弱、结果部位外移、下部光秃的多年生枝和生长较弱的结果枝组。当需要改变先端枝的延伸方向、枝条开张角度，改善冠内通风透光条件时，也可采用回缩修剪。

栗树回缩程度依树势和管理水平而定。衰老树回缩，应在加强土肥水管理的基础上进行，否则效果不佳。大树更新复壮，回缩任务大的应采取逐年回缩的方法，轮换更新，分 3 年完成，边复壮边结果。这样做对栗实产量影响不大，可在生产中推广。

长放 长放即不剪。对 1 年或多年生生长势较旺的延长枝不予剪掉。目的是缓和枝条的生长势，增加中短枝数量，分散营养物质，控制营养生长，促进旺树、旺枝形成花芽，适龄结果。

拉枝 人工改变枝条的生长方向即拉枝。其目的是缓和树势，改善冠内光照条件，防止基部光秃，扩大树体容积，促进花芽分化。具体可采用撑、拉、坠、压等方法开张主枝角度，改变生长位置，使其均匀分布，角度适当，达到控制顶端优势、开张树冠、培养骨架的目的。采用扭梢、拧枝、别枝的办法，可改变枝条极性生长，缓和长势，有利于结果。

刻伤 刻伤即用刀子或剪子在枝、芽的上下横刻皮层，深达木质部，以促进枝芽的萌发。它有助于幼树的整形和增加枝量，能促进养分积累和花芽分化。若整形时欲定向培育枝条，在芽的上方刻伤即可；若要定向抑制过旺枝条的生长势，应在枝条的下部或基部刻伤。对长势过旺的粗枝，可在枝条下部每隔2～3厘米刻一刀，连刻3刀，俗称“连三刀”，刻伤宽度与对枝条的抑制作用成正比。刻伤后有利于养分积累和花芽分化。

63. 夏季修剪方法包括哪些?

除了冬季修剪外，夏季修剪也是一个重要环节，尤其是对幼树生长起到关键作用。夏季修剪在萌芽后到树体停止生长前进行，主要包括摘心、抹芽、疏花、疏果、除萌、环剥、拉枝、扭枝等。

摘心 摘除新生枝条顶端嫩梢的一部分，叫摘心（图27）。摘心对幼树生长非常重要。对嫁接当年至成形前的幼树，须以夏季摘心为主要手段控制新梢生长。当新梢长至30厘米时，将新梢顶端摘除，生长季节可反复摘心2～3次。它能缓和顶端优势，促进分枝，增加枝叶量，促进幼树早结果、早丰产和早成形。

图27 摘心

疏花疏果 疏花疏果即摘除过多的雄花、雌花和幼果。其目的在于减少养分消耗，提高产量和品质。

疏雄：板栗雄花量特别大，雌花与雄花序之比一般为1∶(4.27～8.62)。雄花序过多，消耗树体内大量的养分。板栗为异花授粉果树，自花授粉坐果率很低。在配置适宜授粉品种的栗园，雄花序显露后，疏掉 90%～95%，混合花序全部保留，可使当年果实产量提高 50%，同时可提高栗实品质。

疏混合芽：对发育不饱满及过多的丛生混合芽在芽膨大可适当疏除，以减少养分消耗。可根据具体情况确定合理的疏除量。

65. 幼树整形修剪的注意事项有哪些？

幼树生长旺盛，是造就树形的关键时期，修剪的重点是整形。

冬季修剪 修剪时注意利用剪口芽调整主侧枝的角度和方位，一般对骨干枝的延长枝从中部饱满芽处剪截；对结果枝组上的掌状结果枝采用“见五截二”、“见三截一”的修剪方法，有利于树冠形成和早期结果；对细弱枝、过密枝，多余的大枝及病虫枝全部疏除，保留斜伸的外生枝，使树形舒展。

夏季修剪 应以摘心为主，方法是当新梢长到 30 厘米时摘除新梢顶部嫩梢部分的一小段，促使下部抽生侧枝。侧枝长到 30 厘米时进行第二次摘心。生长季节可连续摘心 2～4 次。7 月 20 日以前对结果枝上的尾枝留 3～5 个芽摘心，有促使果实增重的作用，同时可提高芽的质量，促使花芽分化。河南省南部产区 9 月上旬应停止摘心，以提高枝条的成熟度。

66. 盛果期栗树修剪的注意事项是什么？

进入盛果期的大树，树冠逐渐开张，由于大量结果导致树势逐年衰弱，结果部位外移，产量和树冠扩展达到顶峰，外围枝量增多，通风透光条件恶化，内膛枝大量枯死，主、侧枝中下部出现光秃，生长与结果矛盾突出，大小年现象明显。这一时期修剪的主要任务是保持树势健壮，调节生长与结果的关系，防止结果部位外移和大小年的形成，延长盛果期年限，争取高产、高效、优质。

分散和集中修剪法 所谓集中与分散是对养分的分配而言。集中修剪法是通过多疏枝、少留枝的方法，使养分集中供应，满足栗树生长和结果的需要；分散修剪法则相反，即修剪时采用多留枝、少疏枝的方法，分散养分的分配，从而调节生长与结果的关系，维护树势健壮和各部分间的平衡。分散与集中修剪应依据“因树修剪，看芽留枝，区别对待”的原则进行。同时做到“四看”，即看地、看树、看结果、看管理水平。看地是山地、丘岗还是平原，以及土层的厚薄，水肥条件等；看树是看树势、品种、树龄；看结果是观察结果母枝数量，各类芽的比例；看管理水平是看病虫害种类、虫口基数等。一般而言，旺树适宜采用分散修剪刀法，就是在强树旺枝上多留一些结果母枝、发育枝和预备枝，把徒长枝改造成结果枝组，使养分分散使用，缓和树势，维持结果与生长的相对平衡。对弱树宜采取集中修剪法，即通过疏枝和回缩弱枝，使养分集中供应保留下来的枝芽，促其由弱转强，恢复树势。同时，对多余的大枝、临时性枝可分期进行回缩。

结果母枝的培养和修剪 盛果期大树，树冠外围的一年生枝多数为结果母枝，生长健壮的结果母枝一般长20～30厘米，粗度如筷子，先端着生4～6个饱满芽，萌发后抽生的结果枝壮，坐果率高。对这类结果母枝的修剪应以轻剪为主，培养成强壮的结果枝组。对20厘米长的壮枝，可以留一部分作为结果母枝，当年结果；对过密、生长较弱的枝可适当疏除；有发展空间的中壮枝可短截一部分，作为预备枝，培养成翌年的结果母枝。

图28 小更新修剪示意图

图29 小更新修剪示意图

●结果母枝的修剪保留量。中等肥力的土壤，嫁接树一般每平方米树冠留8～12个；实生树和小粒品种，可适当多留，一般留12个左右。树冠覆盖率控制在80%。若结果母枝留量过多，则光照差，养分消耗多，积累少，易形成大小年现象；同时，还会出现果实小、品质差及抗逆性弱等问题。

骨干枝的回缩 栗树进入盛果期，随着栗实产量的剧增，结果部位外移，骨干枝秃裸，树冠内膛空虚，应及时疏除重叠枝、交叉枝及多余的大枝。对枝端离主干太远且枝干上光秃的主侧枝，在有发育枝或徒长枝处回缩进行小更新（图28、图29），以缩小树冠。在内膛空隙处适当保留有培养前途的徒长枝，作为内膛结果的预备枝。

徒长枝的改造和利用 传统习惯认为徒长枝有害无利，修剪时多被疏除。近年来，各板栗产区摸索出了合理利用徒长枝的修剪方法。利用徒长枝更新树冠、填空补缺、充实内膛，能有效延长树的经济寿命。选择改造徒长枝，应注意枝条的生长势及着生方位。选留离主枝基部 60 ～ 120 厘米的徒长枝，这类枝条长势不太旺，可改造成大型结果枝组。背下和侧生的徒长枝，生长势比较缓和，易转化为结果枝组。对主干或主枝基部萌发的徒长枝一律疏除。对徒长枝的改造利用，应遵循“有空就留、没空就疏，生长正常就放、生长过旺就压”的原则。

其他枝类的修剪 对树冠内膛的纤细枝、交叉枝、重叠枝、病虫枝和无利用价值的徒长枝，应及时疏除。

67. 衰老期树的更新修剪应注意哪些事项?

图 30 集中修剪，弱树培养树冠

衰老期栗树的特点是树冠外围枝梢出现大量鸡爪枝、弱结果母枝和干枯枝，栗实产量极低，品质低劣。此时修剪的重点是应及时更新，恢复树冠，提高产量和品质。

栗树隐芽寿命较长，故更新能力很强。衰老树的更新复壮，只要合理、及时，并配合土、肥、水等综合管理措施，一般效果良好。采用集中修剪法，对极度衰弱的树，应重新培养树冠，把主枝回缩至中下部有分枝处（图 30）。对衰老的中、小枝组也应进行重回缩。要因地制宜地进行落冠换头，不能盲目简单地一次性落冠换头。老树更新修剪时应注意以下几点：

更新强度 更新强度应根据肥水条件、管理水平及树势而定。立地条件好，树势不太弱时可轻度回缩，树势极弱时可适当加重。

分期更新 对衰老的树可有计划地分期更新，每年更新 1/3，做到更新与结果两不误。

伤口保护 衰老树伤口愈合能力差，回缩大枝时要留10厘米左右的保护桩，并把锯口削平，以利于愈合。

徒长枝的利用 衰老树的骨干枝基部常常会萌发较多的徒长枝。合理地改造利用这些徒长枝，可以延长树的经济寿命。

68. 密植丰产栗园整形修剪的注意事项是什么？

栗树密植，结果早、产量高、效益好。但密植园树冠郁闭早，如果不及时处理，常影响栗实产量和品质。通过整形修剪控制树冠的迅速扩张，是密植栗园获得高产高效的一条重要措施。

定干 早春栽植后及时定干，以干高40～60厘米为宜。当剪口下抽生几个新梢时，在主干上选留2～3个枝条作为骨干枝培养。夏季对非骨干新梢进行反复摘心，增加枝叶量，扩大光合面积，促其早日形成结果枝。

主枝修剪 对骨干枝的延长枝从中部饱满芽处短截，截后可抽生3～4个生长较旺的枝条。冬季修剪时将第一个最旺的枝条从基部疏除，选留第二个枝条作骨干枝的延长枝，同时采用撑拉的方法开张主枝角度。增加夏季摘心次数，在新梢25厘米处摘心，培养侧枝和结果枝组。

疏枝 疏除过密枝、病虫枝、徒长枝、交叉枝和重叠枝。

结果枝组的修剪 为充分利用空间，在主侧枝上培养结果枝组。培养原则是有空就留、没空就疏。修剪以轻剪和夏季摘心为主，并与回缩相结合。对扩展较快的强旺枝组及时回缩至有分枝处，使之轮换更新，达到维持栗实产量和控制树冠的目的。

以果控冠 以果控冠是密植栗园控制树冠的重要措施之一。密植栗园一般定植2年即挂果，3年冠幅可达1.5米左右，每株可结果1千克左右，管理条件好的产量会更高。此时，对结果枝组加强管理，对结果母枝缓放、少截，增加结果部位，花期进行人工授粉，可提高坐果率。对果前梢要留3～5片叶摘心，以提高栗实重量和品质，从而达到以果控冠的目的。

隔行回缩 当树冠扩展到一定程度，控冠难以实现，冠幅覆盖率达到80%以上时，可采取隔行回缩的办法，即每隔一行重回缩一行，大枝保留30～50厘米。回缩后从锯口下抽生很多强旺枝条，从中选留3～4个长势强、位置合适的枝条作为骨干枝培养，其余的全部抹掉。留下的枝条生长势往往很强，夏季要进行多次摘心，控制其旺长，第二年或第三年便可恢复产量。随后对另一行进行回缩，从而达到高产、高效和控制树冠的目的。

69. 怎样对树冠进行冻害的预防？

冬季冻害临界低温到来前，对栗园灌水可提高土壤的热容量，抵御冻害。也可在栗园的周围和园内不同的地点，用各种秸秆和杂草与土分层堆放，堆外围土，然后点火熏烟。熏烟时间在夜晚无风时进行，使烟雾布满全园，减少土壤热量蒸发；让烟雾吸收湿气，放出热量，提高气温，抗御冻害袭击。此外树干涂白，枝干上喷洒羧甲基纤维素，地面覆盖，也可起到有效防冻作用。经常发生冻害的地方，可在栗园中间作绿肥等常绿低冠经济作物，提高栗园气温。冻害发生后，要及时修剪冻死的枝条，开春后进行嫁接补头补枝。

70. 怎样对树冠进行风害的预防？

在栗园的风口营造防风林；嫁接后的幼树和结果多的枝旁设立支架，均可预防大风危害。对受灾后的栗园，要及时扶正被风吹倒吹歪的栗树，在根部培土压实；被吹断的枝条，要及时修剪，伤口处要涂胶涂白保护。

71. 怎样对树冠进行雪害的预防？

板栗树枝条很脆，冬季遇大雪极易折断。大雪后，应及时除掉树枝上的积雪，防止压断树枝。受灾后要及时包扎支撑断裂枝，剪掉压断枝条，以减少雪害的损失。

72. 树体保护措施及注意事项有哪些？

图31　刮皮

树体保护，主要是对树干进行刮皮、涂白、补洞等，以防止不良环境和病虫对树干的侵袭和危害。

刮皮　老龄栗树的粗皮很厚，缺乏生命力，制约栗树的加粗生长，又是病虫害越冬的场所，如不刮掉，对树体危害较大。刮皮（图31）宜在栗树休眠期进行。刮皮的方法是用刀将主干和干枝基部开裂的老皮粗皮刮下，集中烧毁。刮皮不要太深，以露出新皮为宜，过深会伤害皮层。树皮刮完后及时涂白。

涂白 栗树病菌害虫多在树干和枝条的树皮隙内越冬，无论是刮过皮的还是没刮过皮的树体，都要在落叶后土壤结冻前和翌年的早春对树体各涂一次白（图32），以杀死越冬的害虫和病菌。涂白剂用料有生石灰 10 千克，硫酸铜 0.5 千克，水 25 千克。先用适量的热水将硫酸铜化开，用适量的冷水将生石灰化开，然后将硫酸铜液倒入石灰水中，充分搅拌即成。也可用生石灰 4.5 千克，植物油 0.1 千克，食盐 1.25 千克，硫黄 0.75 千克，水 18 千克。先用热水分别将生石灰、食盐化开，搅拌混合，再加入硫黄和植物油，然后对水搅拌均匀即成。

图32 涂白

补洞 栗树的主干和干枝，被病虫危害或机械损伤后，容易腐烂成洞，如不及时治疗和堵塞，会继续腐烂扩大，影响树体的生长发育，直至死亡。为此，对树体的洞孔要进行治疗和堵塞。治疗和堵塞的办法是先将洞内已腐烂的树屑和杂物掏干净，刮去洞口边缘的死组织，再用药剂消毒，然后用桐油掺 3 ～ 4 倍的锯末屑拌匀，将洞填实堵紧；也可用熟石灰拌成糊状堵塞树洞，小洞可以钉木桩堵塞。

73. 如何对栗树进行疏花疏果？

栗树花果管理是关系栗实优质、丰产的技术关键，其内容涉及栗树合理的产量标准，栗实的质量标准、疏花疏果、保花保果、提高坐果率等。

疏花疏果即疏去过多的雄花枝和过弱的雌花枝。栗树的雄花数量特别多，一般比雌花多 1 000 ～ 4 000 倍，消耗大量的养分，对雌花的发育不利。因此，要人工除雄花、增雌花，以利于栗实增产增收。为了提高栗实的品质，使栗实均匀一致，也要疏掉部分过弱的雌花枝及瘦小的栗苞。

剪除雄花枝要在能保证有足够花粉授粉的前提下进行，可以有效地减少养分消耗，促进雌花芽分化，提高坐果率和结实力。栗树属异花授粉果树，过多的雄花消耗掉树体内大量的养分，影响树体生长和幼果发育。据报道，自花授粉结果率最低时仅有0.71%，通过疏雄可使栗树当年产量提高47.2%～54%。疏雄能节省储存于树体内的大量养分，促进树体生长和幼果发育，因此疏雄也是减少生理落果和提高栗实品质、产量的有力措施。

74. 如何确定栗树疏雄时间?

栗树疏雄宜早不宜迟，一般在4月底至5月上旬进行，也可分两次完成。第一次是在雄花序长到3厘米左右时，疏除一部分雄花序；第二次在混合花芽出现时进行，这时混合花序顶端稍带紫红色且较短，很容易识别。

75. 栗树疏雄方法有哪些?

疏雄包括人工疏雄和化学疏雄两种方法。

人工疏雄 保留混合花序，人工疏除全部雄花序，低处的可以随手摘除，较高处可用木钩、铁钩拉近，或踏木梯上树摘除，最好由上而下，由内到外进行。注意不要误疏混合花序。

化学疏雄 近年来，我国科研人员自行研制出了板栗化学除雄剂，如疏雄醇、生花调节素等。用化学除雄剂可收到明显效果，亩产量由原来的130千克增至170千克左右，增产幅度30%，且投资少，每支药剂可喷胸径为18～20厘米的树8～10株，见效快、效益高，是板栗生产值得推广的一项重要措施。

●喷药时间。根据当地开花时期的不同灵活掌握，一般在5月中下旬至6月上旬。掌握标准是当雄花序长到8～10厘米，混合花序长到1～2厘米时，喷药最为适宜，过早过晚均不理想。过早叶片幼嫩，喷涂除雄剂后幼叶出现翻卷；过晚雄花对疏雄醇的敏感程度降低，疏雄率降低。

●喷药剂量。通过3年试验表明，喷施不同浓度，药理反应相差很大，最佳浓度是1 000～1 300倍，每支加水7～8千克为宜。可与某些杀虫农药及某些营养元素混喷，减少用工，降低成本。如与叶面喷肥结合起来使用，效果更好。

●喷药注意事项。喷洒后12小时内遇雨应重喷。但不能喷得过多使叶片上流药，也不能喷得过少，最好直接喷洒到雄花序上，因为疏雄醇移动性较差，喷不到位，雄花不会脱落。在树尖的地方留一部分不喷，以作授粉用。

●药理反应。喷后5天开始落雄，7～8天达落雄高峰，一般落雄达65%～75%，大大减少了养分的消耗，保障了有效花序的养分供给。

对栗树进行对比实验（全是粗放管理，不打药、不施肥、不浇水），喷药后平均每个结果母枝坐苞4～5个，不喷的2～3个。喷药的500克栗实数58～65个，不喷药的为72～80个。喷药的新梢长度平均23厘米，尾枝饱满芽3～4个，不喷的平均14厘米，尾枝饱满芽2～3个。第二年结果母枝喷药的能抽生果枝2～3个，不喷的1～2个。喷洒化学除雄剂比不喷能增收10%～30%。

实践证明，使用化学除雄剂，再辅以精心管理，亩增产30%左右。按500克板栗5～7元计算，亩增收390～550元。

76. 栗树疏雄量如何确定？

疏雄量一般在90%～95%，除树冠顶部及边远部位的适当保留外，其余的雄花序一律疏除。

77. 什么是疏果？

疏果就是去掉过弱的果枝和果枝上过多的幼苞，减少营养不足而引起幼苞过多脱落和发育不良。办法是去掉丛苞中后生长出来的比较小的栗苞，保留先生长出来的比较大的栗苞。去留多少，以果枝的发育强弱状况而定，一般果枝长30～35厘米，可留苞2～3个，20～30厘米的留苞1～2个，生长弱的枝留一个苞。在一株树上，树冠外多留，树冠内少留。疏果时期，总的原则是宜早不宜迟，以利树体节约大量的营养物质，供给留下的花果的需要，疏果一般在7月上旬完成。疏除对象是丛生果、过密果、病虫枝及先端发育不良果。

78. 什么是空苞？

空苞就是栗苞中没有栗子，群众叫“哑巴栗子”。空苞现象严重影响板栗的产量，据调查，板栗平均有20%～40%的空苞率，不少地区空苞率占50%，在河北、山东及南方各省都有严重发生。北京市平谷区罗营镇、密云区高岭镇有些山坡地空苞率达90%。板栗空苞发生有特定的地区性，发生严重的地区年年都严重，特别是嫁接树形成空苞，已成为板栗生产上的一个严重问题。

79. 空苞的特征是什么？

图 33 空苞

图 34 胚胎发育不全

空苞的形态 栗树雌花数量一般比较少，而且落花落果现象也不严重。但是有的栗苞（刺苞）在发育过程中，生长停滞，形成核桃大小的圆球形总苞，一直保持绿色（板栗成熟期一般正常的总苞由绿转黄，产生离层而脱落），不易脱落，甚至比叶子脱落还要晚。栗苞中的栗子是干瘪的，只有蚕豆大小，而且有皮无肉，无食用价值。

胚胎发育特征 空苞栗实的胚胎发育停滞，每个子房中的 16 个胚珠一直保持同等大小，没有一个膨大发育的现象，在北京地区到 7 月中旬，胚全部干瘪而败育。这时胚珠外的珠被（子房壁）发育一段时期后干瘪，形成蚕豆大小的瘪粒，外边的总苞发育到核桃大小后停滞扩大。总苞因为中间没有栗子而不再扩大（图 33、图 34），但是苞皮很厚，在发育过程中消耗大量营养，比早期落果对栗树危害更大。

80. 空苞的原因是什么？如何预防？

缺硼是引起板栗空苞的主要原因。硼元素是受精过程中必需的元素，缺乏硼就不能正常受精，从而导致胚胎早期败育，这是引起板栗空苞的主要原因。

板栗空苞的防治除了要加强肥水管理、树体管理和病虫害防治、增强树势外，最重要也最为有效的防治手段就是施硼。

施硼的效果：在空苞严重地区春季施硼可有效地减少空苞率，即在春季萌芽前环状沟施而后浇水，每棵栗树（树冠直径 3 ～ 4 米）分别施硼砂 0.15 ～ 0.3 千克，空苞率可分别降至 3.68% ～ 2.27%，而没有施硼的栗树平均空苞率为

85.53%，空苞率明显降低。施硼的幼树平均株产栗实 2.56 千克，不施硼的平均每株产栗实 0.46 千克。由于不少山区春季灌水有一定的困难，因此，可在 7 ～ 8 月用环状开沟或穴施，将硼砂施在树冠外围须根密集分布的区域。每株施硼砂 0.15 ～ 0.2 千克。施硼后可不必浇水，通过雨水溶解硼肥，渗透到根系附近被根吸收。这时期施硼对当年降低空苞率没有作用，因为空苞形成是在胚胎发育的早期，但是对第二年降低空苞率有明显的效果。雨季施硼后，第二年空苞率由原来的 98.87%下降到 5.86%，如 1987 年，当时的密云高岭乡棒寨村兵马峪沟板栗幼树 1 120 棵，雨季施硼，当年空苞率为 86.58%，总产量 638 千克，1988 年空苞率下降到 7.89%，产量为 3 500 千克，产量提高 5 倍。可以看出，雨季施硼对第二年防止空苞有明显效果，年产量大幅度增加。通过几年连续观察。发现施硼的效果能延续多年，无论春季施硼，还是雨季施硼，施一次后，5 年之内有明显的效果，使 50%以上空苞树每年都可以降低到 5%以下。可见栗树吸收硼的数量不需要很多。土壤施硼后 5 年都可以满足栗树对硼的需要。

施硼量和喷硼：施硼能明显地抑制板栗空苞的形成，但是施硼的量必须合适。以树冠大小计算，每平方米施硼 10 ～ 20 克为合适，要求施在树冠外围须根分布最多的区域。例如幼树冠幅 10 米^2，可施硼砂 150 克。大树根系分布广，要按比例多施硼。但施硼量过多，如每平方米树冠超过 40 克，就会发生药害。表现出硼中毒的症状，其叶边缘及叶侧脉之间呈现褐色，叶片变脆，主脉向叶背弯曲。如果每平方米树冠超过 60 克，全树叶片边缘呈红褐色，并向中心发展，除叶脉附近呈绿色外，其他区域呈烧焦状，叶子逐渐枯萎，顶端嫩叶更为敏感，危害明显。所以一定要事先计算好施硼量，做到既能有效地防治空苞的产生，又不产生药害。叶面喷硼是一种快速的方法，对防治空苞有一定的效果，例如在花期喷 0.3%的硼砂。空苞率为 47.75%，而对照树为 62.1 6%。如果连年喷硼，其效果越发明显，说明喷硼后树体内硼的含量可不断增加，对以后减少空苞率有一定的作用。但是经试验证明，其效果不如沟施硼好，可能是栗树叶片蜡质层厚，叶面吸收比较困难，也可能是叶片吸收后运送到生殖器官不如根系吸收后运输效果好。

土壤中的含硼量：通过空苞率与土壤中含硼量的测定得知，土壤含速效硼在 0.5 毫克 / 千克以上时，板栗基本不发生空苞观象；当土壤中含速效硼在 0.5

毫克／千克以下时，随着硼含量的降低，空苞率升高。所以土壤速效硼含量 0.5 毫克／千克是临界指标。低于这个含量，则影响板栗正常的受精过程，使胚胎发育早期停滞，从而形成空苞。

81. 如何提高栗树的坐果率？

板栗自然授粉坐果率较低，授粉不良或营养不足会出现落果或空苞现象，对果实产量影响较大。因此，增加雌花量、人工授粉、预防空苞等措施是提高栗树坐果率、防止落果提高栗实产量的重要途径。

增加栗树雌花量 板栗树体高大，但雌花量却很少，这是栗树低产的主要因素之一，因此增加雌花数量可以提高栗树的产量。首先选择雌花量比较多的大果型优良品种；其次土壤多施磷肥，使土壤中速效磷达到 40 ～ 50 毫克／千克，第三，在早春施氮肥并及时浇水，此项工作在 3 月上旬前必须完成。

人工授粉 板栗是典型的异花授粉树种，授粉的方式有风媒授粉、虫媒授粉和人工授粉 3 种。为提高栗实产量和品质，有必要进行人工授粉。

●选择授粉树。利用板栗单粒重对花粉的直感作用，选大粒品种作授粉树，可显著增加单粒重；利用其对成熟期的直感作用，可根据市场需求选择早熟或晚熟品种作授粉树，从而提高经济效益。总之，应以粒大、丰产、品质优良的品种为授粉树首选条件。

●花粉采集与处理。当大部分雄花序的花簇由青变黄时，即为雄花序采摘适期。若采集过早则花粉不成熟，授粉效果差；若采集过晚则花粉容易飞散，采不到高质量的花粉。各地花粉成熟期差异较大，应注意观察，适时采摘。花粉的花序采集后应及时摊开，以免挤压受热发生霉变，影响花粉生命力。最好摊晾在白色有光纸上，上面盖一层白色有光纸，置于阳光下晒，四边压好，以免风吹。每天翻动 3 ～ 5 次，花粉在 2 ～ 3 天即可全部散出。然后用细筛子筛出花粉，将花粉充分晾干后，装入广口瓶中备用。

●授粉方法。当一个总苞中的 3 个雌花柱头完全伸出分叉并展开，柱头上茸毛分泌黏液时，即是人工授粉的最佳时期，此期一般持续 10 ～ 15 天。授粉应在晴朗无风的天气进行，以上午为佳。授粉时用毛笔或带橡皮头的铅笔，蘸花粉后，点到雌蕊柱头上即可。也可用纱布袋震花粉法或喷粉法授粉，缺点是授粉不均匀，效果不佳，需用花粉量大。用滑石粉或淀粉与花粉按 3∶1 制成混合花粉，间隔 5 天左右进行第二次授粉，效果更为理想。授粉的方式除人工授粉，还有风媒授粉和虫媒授粉。风媒授粉，受风力大小和栗园授粉树之间距离远近的制约，一般 30 米以内授粉效果较好，50 ～ 100 米授粉效果较差，100 米以外基本无效。人工授粉效果虽好，但难度大，不易操作，特别是高大的栗树无法进行，除幼树可以采用外，中老树栗园用虫媒授粉，是提高栗树授粉率最经济最有效的办法。虫媒授粉，除保护好生态环境，利用自然界昆虫传粉外，要大力发展栗园养蜂，发挥蜜蜂的传粉作用。蜜蜂授粉，一般以每 10 ～ 15 亩栗园放养一箱蜜蜂为好。蜜蜂要在栗树开花前 2 ～ 3 天投放，投入时要把蜂箱放在栗园的中央，以达到均匀授粉、充分授粉的目的。

提高结实能力 首先在栗园栽植幼苗时，品种一定要按比率搭配，以创造栗树进入结果期有较良好的授粉受精条件。其次要及时进行除摘雄花序工作，除雄花可以提高坐果率。第三要进行人工授粉，它可以提高坐果率及结实率 20%～ 40%。第四在花期喷 400 倍的硼酸钠液，它不仅可以减少空苞率，还可以提高坚果单粒重近 40%。第五要加强栗园土壤的肥水管理，增施硼肥，土壤中有效硼含量不能低于 0.5 毫克 / 千克。第六要加强病虫害防治，尤其对果实害虫的防治，如桃蛀螟、栗皮夜蛾、栗实象甲等。

提高坚果重量 板栗同一个雌花序上 3 朵花，中心花比两侧花早开 4 ～ 5 天。因此，中心花一般比两侧花的生长发育好，花比较大，它形成的果实也比两侧果大。所以，从春季发芽开始到开花这段时期内，栗树的营养状况直接影响栗树雌花数量与雌花质量，此时期必须加强栗园土肥水的管理工作，使中心花及两侧花均能充分发育。

8 月上旬至 9 月上旬是栗实的迅速生长膨大期，此时除加强栗园土肥水管理以外，要进行叶面喷肥，要求每隔 10 ～ 15 天喷一次尿素，浓度为 0.3%～ 0.5%；喷一次磷酸二氢钾，浓度为 0.2%～ 0.3%。叶面喷肥可提高单粒重 10%左右。此外，在花期还要喷施硼肥，喷施 400 倍的硼酸钠液，可减少空苞率 5%～ 40%，可提高单粒重 40%左右。

提高坚果单粒重还有一个重要的措施，即要适时采收，必须使栗实达到充分成熟后再采收，此时栗实的饱满度达到最佳时期，其品质和单果重均达到最佳程度。

82. 如何克服大小年现象?

大小年是多种因素造成的产量不均现象，其主要因素是营养失调而导致的生花与结果的矛盾，克服大小年、减小大小年报产量差异幅度，关键在于调整树体的营养状况。

加强管理 加强栗园土、肥、水管理是克服大小年的根本措施。

合理修剪 大年栗树修剪是以保证当年产量、促进营养生长、多留预备枝为原则的。修剪要适度加重，调整结果量，疏除细弱枝、过密枝，使树冠内膛通风透光良好，减少树体营养消耗，增加养分积累，促进花芽分化和雌花原基形成，为小年丰产奠定基础。小年时加强保果措施，提高授粉质量，修剪以轻剪为主，保花保果，使小年不小，做到连续平衡丰产。

疏果定产 栗树大小年时，虽通过修剪调整了花芽量，但仍需加强坐果后的管理。若坐果过多，则应适当疏除。

83. 低产栗园如何进行改造?

我国现有板栗园，多数长期放任生长，管理粗放，病虫害严重，单产普遍较低。据调查，山东省临沂地区实生低产栗园占 50% 以上，河南省板栗主产区信阳地区实生低产栗园占 50% ～ 70%。实生栗树树冠投影面积产量仅为 0.16 千克 / 米^2，而同龄嫁接树在相同条件下，树冠投影面积产量是实生低产栗树的 3.6 倍。由此可见，低产栗园造成经济效益低下，同时也显示出改造增产的潜力。低产栗园主要改造技术包括高接换优、加强肥水管理、树体管理和病虫害防治措施，通过这些技术的改造升级，可使单产提高 3 ～ 5 倍，其增产潜力巨大。

84. 低产栗园高接换优的方法是什么?

高接换优技术，就是在低产栗树上高接优良品种，使其品质和产量得到有效改善，达到优质丰产的目的。高接换优技术目前在很多地方已得到广泛应用，特别是 5 ～ 15 年生中幼树，低产、残冠大树的高接换头应用极为普遍，一般低产栗园高接换优后 3 ～ 4 年，板栗产量可提高数倍，甚至几十倍。栗树高接后结果早，易丰产，栗实品质好，树冠扩展快，经济效益高。

高接换头准备工作

●接穗准备。发芽前 20 ～ 30 天，采集优良品种接穗，将其进行低温湿沙窖藏，储藏窖温为 3 ～ 5℃。

●蜡封接穗。嫁接前 2 ～ 3 天蜡封接穗。先将储藏的接穗枝条剪成 8 ～ 10 厘米的小段，每段顶端保留 1 ～ 2 个发育饱满的芽，然后将剪好的接穗两端分别蘸取蜡液，蜡封后装入塑料薄膜袋内封严，放入低温潮湿处待用。蜡封接穗时动作要快，蜡液温度保持在 90 ～ 100℃。

图 35　幼树改接

●嫁接工具和材料的准备。准备包扎接面用纸、塑料薄膜、塑料条以及常用嫁接工具。

嫁接部位　可采取低截干嫁接技术，5 ～ 10 年生的幼龄旺树，嫁接部位以干高 60 ～ 70 厘米为宜；10 ～ 20 年生的成龄树，嫁接部位以 70 ～ 100 厘米为好。锯口处粗度以 2 ～ 5 厘米为宜，基枝保留 20 ～ 30 厘米。

幼树改接　对于 3 ～ 4 年生的幼树先按树形选留骨干枝，在保留的主侧骨干枝上进行腹接或木质部芽接（图 35）。一般靠下部树皮较厚处用腹接，在上部枝较细、树皮较薄处用芽接，可很快恢复树势，早日结果。

图 36　大树改接

大树改接　对于大树必须采用多头高接，要求增加接芽数量，使当年枝叶量增加，才能保持地上地下平衡，提早恢复树冠，达到丰产稳产。嫁接方法主要用插皮接，对光秃部位辅以皮下腹接，接后用塑料条绑严（图 36、图 37）。

选配优良授粉品种　栗园不能采用单一品种，优良品种可以互作主栽品种和授粉树种。

嫁接时期和方法　嫁接以春季发芽前 20 天至发芽后 10 天（清明至谷雨）为最适宜。

图 37　大树多头高接

主要采用插皮接和插皮舌接法。插皮接法，是在砧木已离皮接穗尚不离皮时采用；若砧木、接穗均已离皮，宜采用插皮舌接法。

锯砧时间宜在树液流动前的休眠期进行，这样树体养分不易流失，嫁接后接穗抽条强壮。锯砧时应根据树冠大小、主从关系、骨干枝粗度合理安排，原则是在维持原树体骨架的基础上，按照自然开心形、主干疏层形或变则主干形的树形要求，并结合实际情况，确定锯砧部位，锯口处粗度以 2 ～ 5 厘米为宜，基枝保留长度为 20 ～ 30 厘米。对多余大枝、重叠枝、交叉枝、病虫枝全部疏除。

砧木处理的关键是削平截面，并削去长约 8 厘米的一段老树皮，深度以露嫩皮为宜。接穗下端的削面要呈 4 ～ 5 厘米的马耳形斜面。接穗插入后，务必用塑料条将接口绑紧封严，并在接穗上套以微薄塑料袋保护芽眼，以防害虫危害。为使伤口尽快愈合，并保证一次嫁接成功，根据砧木粗度，可在砧木周围分别插入 2 ～ 3 个接穗。

接后管理 嫁接后当年管理至关重要，必须及时清除砧木上的萌蘖，以保证接芽吸收营养。如果接穗没有成活，萌芽不要清除，以便下年嫁接。接穗嫁接成活，当新梢长到 20 ～ 30 厘米时，及时绑设防风支架。高接后由于养分供应集中，枝条生长量大，叶片厚，易遭风折。绑设防风架可以免遭风害。嫁接愈合部已木质化时，要及时松绑，把嫁接部位的塑料条松开，一定要适时解除接口上的全部包扎物。接后要适时摘心，具体做法是在新梢长到 40 厘米时，摘心至半木质化处，以后每长 30 ～ 40 厘米时摘心一次，生长季节可连续摘心 3 ～ 4 次，促使多分枝。

此外，还要注意肥水管理、中耕除草和病虫害防治。

实践证明，实生栗树嫁接换优，可节省劳力和成本，嫁接成活率达 95% 以上，接后当年冠幅 2 米，有的开始结果。第二年冠幅 3 ～ 4 米，每株结果 1 千克以上，第三年可进入丰产。

85. 低产栗园衰老树更新复壮的方法是什么？

板栗衰老树，一般表现为 3 种类型，即轻度衰老、中度衰老和严重衰老。轻度衰老多表现为新梢细弱、叶片小、叶色浅，内膛徒长枝少，但尚有一定的产量。中度衰老表现为鸡爪枝多，长枝少，叶色发黄，经济产量很少。严重衰老树多表现为外围枝焦枯，树冠残缺不全，主干及骨干枝下部萌发徒长枝。生产上应根据不同的立地条件和栗树衰老程度，进行合理的更新修剪。

逐年更新 对轻度衰老栗树修剪时每株选留 3 ～ 5 个主枝，将其改造成自然开心形或主干疏层形树形，疏除直立枝、过密枝，交叉枝和重叠枝，改善冠内光照条件，将骨干枝回缩至 1/3 或 1/2 有分枝处，每年更新总枝条量的 1/3，全树分 3 年完成，这样既不影响产量，又可达到更新复壮的目的。

大更新 对中度衰老和严重衰老的栗树可进行大更新，即将全树所有的骨干枝一次性完成回缩更新任务，将骨干枝回缩至 2/3 ～ 3/4 处。第二年锯口以下部位可萌发大量新枝，从中选择生长方位好、发育健壮的枝条予以保留，多余的可及时疏除，按照“去弱留强、去直留斜”的原则培养成主侧枝，按“有空就留、没空就疏”的方法培养永久性或临时性结果枝组。该方法复壮作用明显，一般更新后 2 ～ 3 年可恢复正常结果。关键技术是加强夏季管理和伤口保护，否则，伤口不易愈合，并容易引起病虫害。更新后，要加强夏季摘心，促其多分枝、早结果、早丰产。

截干再生冠 截干再生冠技术即当年完成更新复壮任务。对 22 年生板栗低产林截干改造试验证明，截干后的树，一年成形，二年挂果，三年丰产，单位面积产量是一般方法更新栗园的 2 倍、未改造栗园的 6 倍。

●截干方法。在主干 1.4 ～ 2.4 米处（接口以上部位）截干，削平截面，呈馒头状。

●选留骨干枝。萌发枝条后，在锯口以下 30 ～ 120 厘米处留 2 ～ 6 个生长健壮，方位错开，枝间距大，枝干开角大的枝条作为骨干枝，其余抹除。

●摘心。选留的主枝长到原树冠半径的 1/3 时摘心，一个月后选留 40 ～ 60 厘米的枝再进行摘心，培养主侧枝。9 月初对全部枝条停止摘心，促枝强壮。

当年可进行冬季修剪，翌年采取弯枝、拉枝等技术措施，使主枝角度开张。截干再生冠技术的关键是，当年 3 ～ 8 月及时除萌，并反复摘心。

86. 低产栗园深翻改土、培育壮根的方法是什么?

板栗为深根性树种，宜在深厚、疏松、肥沃的土壤中生长。深翻改土，复壮根系是低产园改造的主要措施之一。深翻深度为 80 厘米、宽 100 厘米左右的条带，根据土壤质地，填入壤土或沙土，并拌入杂草、落叶及腐殖质土，同时每株施入有机肥 150 千克，复合肥、碳酸氢铵各 1 千克，以后按常规管理。

深翻改土可提高土壤保水、保肥能力，具有复壮根系和促进树体生长发育的作用。

四、安全生产、环保与病虫害综合防治措施

1. 什么是安全的果品?

目前，在我国果树病虫害防治中，化学防治仍然占主导地位，化学农药的用量有逐年增加的趋势。大量使用化学农药，不仅造成害虫天敌的大量死亡，破坏果园的生态平衡，致使药越用越多，防效越来越差，而且还造成农药在环境中的残留，构成环境污染，更主要的是农药在果品中的残留量过高，造成农药残留毒性。果实中的农药残留超过一定数量，称为农药残留超标，这样的果品属于不安全食品，长期或大量食用这些不安全果品，就会影响人的身体健康，甚至造成急性或慢性中毒。随着人们生活水平的提高，对食品安全的意识和要求更高。安全果品的生产条件和生产过程要求较高，但它的经济效益非常可观，其价格通常高于普通果品一至几倍。由此可见，要想实现板栗的可持续发展，适应市场需求，获得较高的效益，就必须按照板栗安全生产技术操作，生产出安全无公害果品。

2. 我国食品安全生产都有哪些标准?

我国政府有关部门根据农产品生产条件和对农产品的质量要求，将优质、安全农产品分为无公害食品、绿色食品和有机食品。

●无公害食品。是指产地环境、生产过程和产品质量符合国家有关标准和规范要求，经认证合格，获得认证证书并允许使用无公害农产品标志的未加工或者初加工的食用农产品。

●绿色食品。是指经专门机构认定，许可使用绿色食品标志的无污染的安全、优质、营养食品。绿色食品分为AA级和A级两种。AA级绿色食品系指在生态环境质量符合规定标准的产地，生产过程中不使用任何有害化学物质，按

照特定的生产操作规程生产、加工，产品质量及包装经检测、检查符合特定标准，并经专门机构认定，许可使用AA级绿色食品标志的产品。A级绿色食品是指在生态环境质量符合规定标准的产地，生产过程中允许限量使用限定的化学合成物质，按照特定的生产操作规程生产、加工，产品质量及包装经检测、检查符合特定标准，并经专门机构认定，许可使用A级绿色食品标志的产品。

●有机食品。是指来自有机农业生产体系，在生产和加工过程中不使用化学合成的农药、化肥、生长调节剂、添加剂等物质，以及基因工程植物及其产物，而是遵循自然规律和生态学原理，采取一系列可持续发展的农业技术，维持农业生态系统持续稳定的生产方式进行生产，经有机食品认证机构认证，允许使用有机食品标志的食品。

按照我国对无公害食品、绿色食品和有机食品的管理要求，在目前条件下，我国大部分果区应以无公害生产为主，在环境条件较好，具备一定生产能力的地区，可积极开发绿色果品和有机果品。

3. 安全板栗生产对土壤、灌溉水、空气质量有何要求?

安全板栗生产的基础是指在板栗适宜栽培区具有良好的产地环境条件。所谓产地是指具有一定的栽培面积和相应生产能力的土地，要具有良好的生态环境，应远离城镇、交通要道（公路、铁路、机场、码头等）以及工矿企业；所谓环境条件是指影响果树生长的土壤质地要达到国家规定的标准，果园灌溉水中各种矿物质和有害物质的含量不得超过国家规定的标准，果园的空气质量要符合国家规定的标准。

4. 目前果树生产上的农药危害如何?

农药在果树病虫害的防治中发挥着重要作用。农药的应用在果园管理中是必不可少的。但如果使用不合理、不科学，就会造成果品农药残留超标和果园环境污染，进而影响人类身体健康。农药已成为果品污染的重要来源之一，是生产无公害果品的重要制约因素。据统计，目前我国农药使用量在32万吨左右，使用量较大，而且我国农药利用率跟发达国家比较还有较大差距。

农药对果园的污染不可忽视，要引起广大果农的高度重视。农药在果园使用后，一部分附着在果树、果实上，另一部分则逸散在大气中或降落在果园土壤上，虽然起到了防治病虫害的作用，但也会造成污染。大气和土壤中的农药会随着水雾、雨水等进入果园地下水中造成污染，进而又可污染邻近的水源。而附着在果树上的农药和进入土壤中的农药，被果树吸收后又可进入果实中造成污染，使果品中不同程度地含有残留农药，进而影响果品的食用价值，影响人类身体健康。果品中农药残留量的高低是衡量果品质量好坏的重要指标，如果在临近果实收获期使用农药，最容易造成果品污染，使果品中残留农药含量超标，果品品质降低。农药使用不合理、不科学，如用量过大、次数过多等，还易产生药害，影响果树正常生长。另外，农药也会对生态环境造成严重影响，主要表现在：由于化学农药的不合理使用，导致果园中害虫天敌数量的减少，从而减弱了对害虫的控制作用，导致害虫的猖獗；同时，农药的不合理使用易引起病虫抗药性的增强，增加了病虫害防治难度。

5. 果树生产上防止农药污染的主要措施有哪些？

在果树病虫害防治过程中，应当全面贯彻“预防为主，综合防治”的方针。以改善生态环境、加强栽培管理为基础，合理采用物理防治、农业防治等综合措施，保护和利用天敌，充分发挥天敌对病虫害的自然控制作用，尽量减少农药的施用量。在无公害果品生产过程中，使用农药防治果树病虫害是必要的，但要科学合理地选择和使用农药，最大限度地控制农药的污染和危害。要通过使用新型的高效低毒低残留的农药，包括生物农药的研制，和农药统防统治技术相结合。扩大统防统治、专业化防治的措施应用的范围，提高农作物病虫害绿色防控覆盖率。

防止农药污染的主要措施应注意以下几个方面：①坚持遵守农药科学使用的原则。即优先使用生物农药。包括植物源农药、动物源农药和微生物源农药：在矿物源农药中允许使用硫制剂、铜制剂，允许使用对植物、天敌、环境安全的农药；严格禁止使用国家明确规定的剧毒、高毒、高残留或者是有致癌、致畸、致突变作用的农药。②加强对果树病虫害的预测预报，做到对症下药，适时防治。③合理使用无公害果品生产中允许使用的药剂，杜绝使用剧毒农药、禁用农药等。④科学混用不同的农药，以提高药效和节省药量；轮换使用不同的药剂，以防止产生抗药性，并保护害虫天敌。⑤科学掌握药剂的使用浓度、剂量和次数等，不随意加大浓度和增加防治次数，并严格按农药安全间隔期进行施药。⑥改进农药的使用性能，以提高药效。如在农药中加入展着剂、渗透剂、缓释剂等，既节省农药又提高药效。⑦尽可能使用低量或超低量的喷药机械。

6. 板栗安全生产允许使用的农药有哪些？

根据《农药安全使用标准》和《农药合理使用准则》，果品安全生产允许使用的农药见表 13、表 14。

表 13　果品安全生产允许使用的杀虫、杀螨剂

农药品种	毒性	稀释倍数和使用方法	防治对象
1.8% 阿维菌素乳油	低毒	5 000 倍，喷施	叶螨、金纹细蛾
0.3% 苦参碱水剂	低毒	800 ~ 1 000 倍，喷施	蚜虫、叶螨
10% 吡虫啉可湿性粉剂	低毒	5 000 倍，喷施	蚜虫、金纹细蛾等
25% 灭幼脲 3 号悬浮剂	低毒	1 000 ~ 2 000 倍，喷施	金纹细蛾、桃小食心虫等
50% 辛脲乳油	低毒	1 500 ~ 2 000 倍，喷施	金纹细蛾、桃小食心虫等
50% 蛾螨灵乳油	低毒	1 500 ~ 2 000 倍，喷施	金纹细蛾、桃小食心虫等
20% 杀铃脲悬浮剂	低毒	8 000 ~ 10 000 倍，喷施	金纹细蛾、桃小食心虫等
50% 马拉硫磷乳油	低毒	1 000 倍，喷施	蚜虫、叶螨、卷叶虫等
50% 辛硫磷乳油	低毒	1 000 ~ 1 500 倍，喷施	蚜虫、桃小食心虫等
5% 噻螨酮乳油	低毒	2 000 倍，喷施	叶螨类
10% 浏阳霉素乳油	低毒	1 000 倍，喷施	叶螨类
20% 四螨嗪净胶悬剂	低毒	2 000 ~ 3 000 倍，喷施	叶螨类
15% 哒螨灵乳油	低毒	3 000 倍，喷施	叶螨类
40% 蚜灭多乳油	低毒	1 000 ~ 1 500 倍，喷施	绵蚜及其他蚜虫
99.1% 加德士敌死虫乳油	低毒	200 ~ 300 倍，喷施	叶螨类、蚧类
苏云金杆菌可湿性粉剂	低毒	500 ~ 1 000 倍，喷施	卷叶虫、尺蠖、天幕毛虫等
10% 烟碱乳油	低毒	800~1 000 倍，喷施	蚜虫、叶螨、卷叶虫等
5% 氟虫脲乳油	低毒	1 000 ~ 1 500 倍，喷施	卷叶虫、叶螨等
25% 噻嗪酮可湿性粉剂	低毒	1 500 ~ 2 000 倍，喷施	蚧、叶蝉
5% 氟啶脲乳油	中等毒	1 000 ~ 2000 倍，喷施	卷叶虫、桃小食心虫

表 14　果品安全生产允许使用的杀菌剂

农药品种	毒性	稀释倍数和使用方法	防治对象
5% 菌毒清水剂	低毒	萌芽前 20 ~ 50 倍，涂抹，100 倍，喷施	腐烂病、枝干轮纹病
腐必清乳剂（涂剂）	低毒	萌芽前 2 ~ 3 倍，涂抹	腐烂病、枝干轮纹病
2% 农抗 120 水剂	低毒	800 倍，喷施	腐烂病、枝干轮纹病
80% 代森锰锌可湿性粉剂	低毒	800~1 000 倍，喷施	斑点落叶病、轮纹病、炭疽病
70% 甲基硫菌灵可湿性粉剂	低毒	800 ~ 1 000 倍，喷施	斑点落叶病、轮纹病、炭疽病
50% 多菌灵可湿性粉剂	低毒	600 ~ 800 倍，喷施	轮纹病、炭疽病
40% 氟硅唑乳油	低毒	6 000 ~ 8 000 倍，喷施	斑点落叶病、轮纹病、炭疽病
1% 中生菌素水剂	低毒	200 倍，喷施	斑点落叶病、轮纹病、炭疽病
27% 碱式硫酸铜悬浮剂	低毒	500 ~ 800 倍，喷施	斑点落叶病、轮纹病、炭疽病
石灰倍量式或多量式波尔多液	低毒	200 倍，喷施	斑点落叶病、轮纹病、炭疽病
50% 异菌脲可湿性粉剂	低毒	1 000 ~ 1 500 倍，喷施	斑点落叶病、轮纹病、炭疽病
70% 乙膦铝 · 锰锌可湿性粉剂	低毒	500 ~ 600 倍，喷施	斑点落叶病、轮纹病、炭疽病
硫酸铜	低毒	100 ~ 150 倍，喷施	根腐病
15% 三唑酮乳油	低毒	1 500 ~ 2 000 倍，喷施	白粉病
50% 硫胶悬剂	低毒	200 ~ 300 倍，喷施	白粉病
石硫合剂	低毒	发芽前 3 ~ 5 波美度，开花前后 0.3 ~ 0.5 波美度，喷施	白粉病、霉心病等
843 康复剂	低毒	5 ~ 10 倍，涂抹	腐烂病
68.5% 多氧霉素	低毒	1 000 倍，喷施	斑点落叶病等
75% 百菌清	低毒	600 ~ 800 倍，喷施	轮纹病、炭疽病、斑点落叶病等

7. 板栗安全生产限制使用的农药有哪些?

板栗安全生产限制使用的农药见表 15。

表 15　板栗安全生产限制使用的农药

农药品种	毒性	稀释倍数和使用方法	防治对象
48% 毒死蜱乳油	中等毒	1 000 ~ 2 000 倍，喷施	绵蚜、桃小食心虫
50% 抗蚜威可湿性粉剂	中等毒	800 ~ 1 000 倍，喷施	黄蚜、瘤蚜等
25% 抗蚜威水分散粒剂	中等毒	800 ~ 1 000 倍，喷施	黄蚜、瘤蚜等
2.5% 高效氯氟氰菊酯乳油	中等毒	3 000 倍，喷施	桃小食心虫、叶螨类
20% 甲氰菊酯乳油	中等毒	3 000 倍，喷施	桃小食心虫、叶螨类
30% 氰戊 · 马拉松乳油	中等毒	2 000 倍，喷施	桃小食心虫、叶螨类
80% 敌敌畏乳油	中等毒	1 000 ~ 2 000 倍，喷施	桃小食心虫
50% 杀螟硫磷乳油	中等毒	1 000 ~ 1 500 倍，喷施	卷叶蛾、桃小食心虫、蚧类
10% 高效氯氟氰菊酯乳油	中等毒	2 000 ~ 3 000 倍，喷施	桃小食心虫
20% 氰戊菊酯乳油	中等毒	2 000 ~ 3 000 倍，喷施	桃小食心虫、蚜虫、卷叶蛾等
2.5 溴氰菊酯乳油	中等毒	2 000 ~ 3 000 倍，喷施	桃小食心虫、蚜虫、卷叶蛾等

8. 国家明令禁止使用的农药有哪些?

《中华人民共和国食品安全法》第四十九条规定：禁止将剧毒、高毒农药用于蔬菜、瓜果、茶叶和中草药材等国家规定的农作物；第一百二十三条规定：违法使用剧毒、高毒农药的，除依照有关法律、法规规定给予处罚外，可以由公安机关依照规定给予拘留。

我国禁止生产销售和使用的农药名单如下：

六六六、滴滴涕、毒杀芬、二溴氯丙烷、杀虫脒、二溴乙烷、除草醚、艾氏剂、狄氏剂、汞制剂、砷类、铅类、敌枯双、氟乙酰胺、甘氟、毒鼠强、氟乙酸钠、毒鼠硅、甲胺磷、甲基对硫磷、对硫磷、久效磷、磷胺、苯线磷、地虫硫磷、甲基硫环磷、磷化钙、磷化镁、磷化锌、硫线磷、蝇毒磷、治螟磷、特丁硫磷、氯磺隆，福美胂、福美甲胂、胺苯磺隆单剂、甲磺隆单剂。

9. 目前我国果树生产上重金属、化肥地膜污染状况如何?

2015 年 4 月 14 日，国务院新闻办公室举行新闻发布会，介绍农业面源污染防治工作有关情况。时任农业部副部长的张桃林表示，化肥使用比较多的是果树和蔬菜，果树和蔬菜面积扩展较快，施肥量比较高，而且超出了安全水平。农业已超过工业成为我国最大的面源污染产业。农业面源污染量大类多、分布广，总体状况不容乐观。由此可见，我国的果树生产，除了农药的危害以外，化肥、地膜及重金属的污染也已经到了不得不防范治理的地步了。

重金属污染，成为农产品质量安全的隐形杀手 《全国土壤污染状况调查公报》显示，全国土壤环境状况总体不容乐观，部分地区土壤污染较重，耕地土壤点位超标率为 19.4%，主要污染物为镉、镍、铜、砷、汞、铅、滴滴涕和多环芳烃。

专家指出，“看不见”的重金属污染，正扮演农产品质量安全的“隐形杀手”，不仅可能影响到农田、农村周边环境，也让普通消费者对农产品质量安全产生疑虑。“除了工业废弃物排放造成的土壤重金属污染，农业化学品的大量投入会导致土壤中养分、重金属以及有毒有机物富集引起的土地污染，直接威胁农产品质量安全。”中国农业大学教授张福锁说。

例如，化肥的过量使用会造成土壤的酸化，进而会诱发土壤重金属离子活性的提高。数据显示，土壤 pH 每下降一个单位，重金属镉的活性就会提升 100 倍，增加骨痛病等疑难病症的患病风险。

化肥农药地膜，资源与污染只是一线之隔 道路两旁的沟渠满是白色的残膜，大风一刮，树木的枝枝杈杈都挂着成条的地膜碎片……这是记者在甘肃河西地区采访时见到的景象。

在西北干旱地区，覆膜可以控温保墒，具有显著的增产效果，是我国旱作农业的一项核心技术。然而，由于超薄地膜的长期使用并缺乏回收机制，大量地膜一揭就碎，残留在农田里，“白色革命”带来了“白色污染”。一位在田里捡拾地膜的村民说：“这些膜要是烂在地里，过几年庄稼就长不出来了！”

西部干旱地区的白色污染只是农业面源污染的一个方面。根据调查，全国一些省份存在的农业面源污染问题具体表现在：中东部省份主要是化肥、农药过量施用造成水体环境富营养化，南方省份主要是畜禽和水产养殖过程中的排泄物对土壤和水体环境造成的污染。目前在中东部地区，由于化肥、农药的超量使用，再加上特殊的生活气候条件，农药化肥面源污染的问题相对比较突出。南方地区由于畜禽养殖规模化水平比较高，规模也比较大，农业畜禽粪污污染问题比较突出。虽然现在农业面源污染的形势局部有好转，但是也有一些地方该问题还比较突出，而且还有加剧的趋势。现在化肥的使用量总体比较高，而且化肥的利用率还不高，尤其是果树、蔬菜方面的问题相当突出。

农业面源污染的最大特点是隐藏性、长期性和分散性，是农业生产各个环节各个过程中自觉或不自觉产生的。它不像工业生产上的点源污染，有问题关掉就行了，农业面源污染处理起来还比较麻烦。面源污染是今后要针对解决的重点问题。

果蔬施肥量，已经超出安全水平　这些年来，中国化肥、农药用量相当大，生产和使用量都是世界第一。但是化肥、农药的利用率比世界发达国家却低15%～20%，降低使用量、提高利用率势在必行。

10. 化肥对果园的污染主要表现在哪几个方面？

在果树生产过程中，化肥的使用是必不可少的，施用化肥可促进果树生长，达到增产的目的，同时使用化肥比用其他肥料省工又省时。为了提高果树产量，人们大幅度增加化肥的用量。但大量的化肥在促进果树产量增加的同时，有时也会给果品、果园环境等造成污染。果园中使用的任何化肥都不可能全部被果树吸收利用，用量过大或使用虽正常，但由于其他自然或人为原因，都会使部分化肥流失，进而造成污染。因此，施用化肥时，应避免对环境和果品的污染，并要有足量的养分返回到土壤中，以保证和增加土壤有机质的含量，提高果树产量和生产出安全、优质、营养的无公害果品。

氮肥的污染　氮肥能够促进果树营养生长，增大叶面积，加强光合作用，因此果园中氮肥用量比较大。氮肥的长期过量使用，可使果园土壤中的硝酸盐含量增加，进而导致果品中的硝酸盐含量增加，从而对人体健康造成危害。当氮肥的用量超过果树需要量时，多余的氮肥在降雨和灌溉的条件下，可通过各种渠道进入地下水、湖泊、河流等，从而造成水污染。

磷肥的污染 磷肥的主要功能是促进果树开花结实，还能促进根系发育和提高抗逆能力，但过多的施用磷肥会影响果树对锌、铁元素的吸收而出现缺素症，同时磷肥亦是土壤中有害重金属的一个重要污染源，如过磷酸钙中含有大量的砷、铅，磷矿石中还含有放射性元素如铀、镭等，磷肥使用过量后，多余的磷肥可通过各种渠道进入地下水、湖泊、河流而造成水污染。

钾肥的污染 钾能促进光合作用，促进果树对氮、磷的吸收等，但过量使用钾肥会使果园土壤板结，并降低土壤 pH，从而影响果树生长，而且氯化钾中的氯离子对果实的产量和品质均有不良影响。

11. 果园防止化肥污染的主要措施有哪些？

不施用不符合要求的化肥。根据不同果树品种的生长规律和需肥特点，掌握其科学的施肥时间、次数和用肥量等，并采用正确的施肥技术，如分层施、深施等施肥方法，及时施肥，合理用肥，减少化肥散失，提高肥料利用率。要科学、合理使用化肥，不要盲目加大用肥量和长期过量使用同一种肥料。推广测土配方施肥法，提高化肥利用率，防止或减少化肥的流失。增施有机肥和提倡使用生物肥料。以减少化肥用量，采取有机肥与无机肥相结合的施肥方法。增施有机肥在于养地，增施化肥在于用地。因此两者配合有利于果树高产与稳产，尤其是磷、钾肥与有机肥混合施用可以提高肥效，达到施肥的目的。

12. 如何建立板栗安全生产园？

农产品的安全生产，是未来农产品生产的发展趋势。板栗生产的污染主要来自于土壤、水分和空气，故在建园时，必须对土壤、灌溉用水和空气质量进行选择，这是生产安全实品的基础。

土壤 造成土壤污染的主要原因，是土壤中的重金属离子、有害化学物质通过树体根系的吸收进入果实，造成果实中有毒、有害物质超标而污染。

●重金属离子。重金属离子主要有镉、砷、汞、铅、铬等，易对果园土壤、灌溉水和果品造成污染。

镉：主要来自金属矿山、金属冶炼和以镉为原料的电镀、电机等工厂。镉是一种毒性很强的金属，可以在人体内长期积累，损害人的肺、肾、神经和关节等器官。

砷：主要来自造纸厂、皮革、硫酸、化肥、农药等工厂的废气和废水，以煤为能源的工业和民间燃煤也是砷的一个重要污染途径。含砷物质常被用来做杀虫剂、杀菌剂、除草剂的生产原料，许多果园的土壤受到严重的砷污染。砷对植物的危害主要表现为阻碍水分和养分的吸收，无机砷影响营养生长，有机砷影响生殖生长。砷可以与空气中的养结合形成三氧化二砷，与人体内的蛋白酶结合，导致细胞死亡；砷还是肺癌、皮肤癌的致病因素之一。

汞：主要来自矿山、汞冶炼厂、化工和印染等工厂排出的“三废”以及农业上的有机汞、无机汞农药的使用。过量的汞会使植物的叶、花、茎变为棕色或黑色。汞主要侵害人的神经系统，使手足麻痹，全身瘫痪，严重时可使人痉挛死亡。

铅：主要来自用汽油做燃料的机动车尾气，有色金属冶炼、煤的燃烧，以及油漆、涂料、蓄电池的生产企业等。铅主要为植物根部吸收和积累，并抑制植物光合作用和蒸腾作用。铅污染食物，进入人体后会引起神经系统、造血系统和血管方面病变，动脉硬化、消化道溃疡和脚跟底出血等与铅污染有关。

铬：过量的铬会抑制生长发育，并可以与植物内细胞原生质的蛋白结合，使细胞死亡。铬对人体毒害主要是刺激皮肤黏膜，引起皮炎、气管炎、鼻炎和变态反应，六价铬可以诱发肺癌和鼻咽癌。

●有害化学物质。主要是化学制剂厂排放的废水、废渣中所含有的苯胺、苯丙吡等多环芳烃、卤代芳烃等有机化物质，以及废酸、废碱等无机化学物质。这些污染被灌入土壤，被树吸收，造成果实污染。

随着现代工业和现代化农业的发展，人们对化肥的用量呈大幅度增长趋势，也给农业带来严重后果。氮肥的长期过量使用，使土壤中的硝酸盐增加，从而导致果品中的硝酸盐含量增加，对人体健康造成危害。同时，磷肥也是土壤中有害金属的一个重要来源，磷肥中铬含量较高，过磷酸钙中含有大量的镉、砷、铅，磷矿石中还含有放射性污染铀、镭等。

水分　水污染主要是工矿、化工和造纸厂等企业的废水排放于河流，通过农业灌溉而污染果园。主要污染物是金属离子和有害物质。灌溉水质量指标应符合无公害板栗产地农田灌溉水质的要求。

空气 大气污染物的来源包括工业污染、交通污染、农业生产污染和生活污染等，其中对人类及植物产生危害的污染物不下百种，主要包括二氧化硫、氟化物、氮氧化物、氯气以及粉尘、烟尘等。这些污染物有时直接伤害果树，表现为急性危害，致使花、叶、果实褐变脱落，造成严重减产；有时伤害是隐形的，从果树的外部发育上看不出危害，但果树生理代谢受到影响，这些物质在植物体内外长期积累，引起食果者急性、慢性中毒。果园的空气质量要符合国家规定标准。

●二氧化硫。是对农业危害最为广泛的大气污染，它是由燃烧含硫的煤、石油和焦油产生的。在人为排放的二氧化硫中，约2/3来自煤的燃烧，约1/5来自石油燃烧，其余来自各种工业生产工程。在正常情况下，空气中二氧化硫的含量约为0.35毫克/米^3，当浓度达到0.5～1毫克/米^{3}以上时会对植物产生危害。二氧化硫由叶片上的气孔侵入叶组织，当叶片吸收的二氧化硫过多时，叶绿素被破坏，组织脱水，叶片脱落，花期不整齐，坐果率低，果实龟裂。另外，二氧化硫遇水变为亚硫酸，如树体上喷波尔多液，则会将其中的铜离子游离出来，造成药害。

●氟化物。是仅次于二氧化硫的大气污染，主要包括氟化氢、氟化硅、氟化钙等，其中氟化氢是空气污染物中对植物最有毒性的气体。氟化氢无色、具臭味，主要来自使用含氟原料的化工厂、磷肥厂等排放出的废气，当空气中含量达到1毫克/米^{3}时，即可使敏感植物受害。氟化氢主要通过叶片气孔进入植物体，抑制植物体内的葡萄糖酶、磷酸果糖酶的活性，还可以导致植物钙营养失调。氟化物对果树的影响主要表现在破坏果实的营养生长，初期危害正在生长中的幼叶，严重抑制秋梢生长，并造成早期落叶。氟化物在植物体内能与金属离子如钙、镁等结合，造成缺素症。氟化物对花粉粒发芽和花粉管的伸长有抑制作用，使花朵受精率减低，不易坐果，果实不能正常膨大等。

●氮氧化物。主要包括一氧化氮、二氧化氮、硝酸等，其中对植物毒害较大的是二氧化氮。二氧化氮是一种棕红色的有刺激性气味的气体，主要来自汽车、锅炉等排放的气体，植物受害类似二氧化硫。

●氯气。主要来自食盐电解工业以及生产农药、漂白粉、消毒液、塑料等工厂排放的废气，是一种黄绿色的有毒气体，但它的危害只限于局部地区。氯气可以破坏植物细胞结构，使植物矮小，叶片失绿，严重时焦枯；根系不发达，后脱水萎蔫而死亡。

●粉尘。是空气中飘浮的固体或液体的微细颗粒，其主要成分为煤烟粉尘，工矿企业密集的烟筒是煤烟粉尘的主要来源。烟尘中的颗粒粒径大于10微米，易降落，这些烟尘降落到叶片上，影响树体光合作用、蒸腾作用和呼吸代谢等生理作用；花期污染，影响授粉坐果；结果期污染，会污染果面，造成果实表皮粗糙木质化。

●飘尘。是指大气中粒径小于10微米的颗粒物，能在空气中长期悬浮，可随气流传播飘移至远处。有的工厂向大气排放极小的金属微粒，如铅、镉、汞、镍、锰等，即为飘尘。飘尘对果树的影响主要是降低大气的透明度和透光率，影响果树的光合作用。飘尘在空气中相互碰撞而吸附成为较大粒子，降落地面后造成对土壤、灌溉水、树体的严重污染，树体被污染后不仅直接影响果品的外观，而且由于重金属被叶片吸收，危害人体健康。

13. 板栗病虫害的发生有何特点?

板栗在我国分布地域辽阔，南北跨越亚热带和暖温带；在垂直分布上差异也很大。大部分栗树栽植在山地和丘陵地带。有的栗园是由林地改造而成，有的栗树与其他林木混植。这种复杂的生态环境就构成了多种病虫害繁衍生息的生态学基础，因而，栗树病虫害的发生有以下特点。

栗园内植物种类复杂，病虫种类繁多　我国栗园内病虫种类繁多，据《中国果树病虫志》（第二版）记载，危害板栗的病害有29种，虫害有258种。有许多害虫除危害板栗外，还危害其他林木，如食叶害虫舞毒蛾，寄主范围广，食量大，是重要的森林害虫。一些常见的食叶害虫如大袋蛾、苹掌舟蛾、盗毒蛾、黄刺蛾、金龟子类和一些枝干害虫如草履硕蚧、吹绵蚧、星天牛、云斑天牛等，除危害栗树外，许多林木都是它们的危害对象。由于这些害虫的寄主范围广，适应性强，很容易造成危害。根据这一特点，在板栗病虫害防治上，不能只考虑单一的病虫害防治，还要考虑到某些多寄主害虫的防治，才能获得较好的防治效果。

栗园内有害有益生物并存　在板栗园这个比较大的生态系统中，栗园和周围环境中的各种生物因子（动物、植物、微生物）和非生物因子（土壤、水、大气、光，热等）之间的关系密切而复杂，随着环境条件的变化而变化，构成一个相对平衡的稳定状态，在一定的时空条件下，其间有害生物与有益生物的繁殖达到相对平衡稳定的程度。由于各因子之间的相互制约，就不会出现板栗病虫害暴发成灾的现象。如各种益鸟、瓢虫、蜘蛛、捕食螨等有益昆虫，它们食性很广，除捕食板栗害虫外，还捕食多种害虫；中华长尾小蜂能有效地控制瘿蜂蔓延；枝状芽孢霉菌在自然界对板栗红蚧的寄生率高达 60.7%；食虫鸟类也是控制板栗害虫的有效天敌。由此可见，栗园生态系统的稳定和平衡依赖于生物种类的多样性、食物链关系的复杂性和种间数量比值的相对恒定性。当受到某种因素的干扰时，系统可通过自我调节由不平衡状态回到平衡状态。

板栗病虫害综合治理应以建立和协调栗园最优生态系统为基础，实现良性循环，保持有虫无灾。但是，随着板栗栽培面积的迅速扩大，人类活动自觉或不自觉地破坏了原有的生态平衡，如农药的大量使用、毁林开荒、乱砍滥伐等。人类在防治害虫的同时，也杀伤了天敌和其他有益生物，造成环境污染和生态失调，导致病虫害蔓延，甚至爆发成灾。因此，栗园病虫害防治必须实施综合治理，才能收到事半功倍的效果。

栗园内主要病虫危害方式独特 板栗的几种主要病虫害是影响板栗生产的重要因素。如栗瘿蜂只危害板栗 1 年生枝条的芽、叶及花序，形成独特的虫瘿。这种害虫一生中大部分时间内隐蔽生活，只有成虫期暴露于外。在大发生的年份，人们往往束手无策，遭受经济损失。但可喜的是，有一种中华长尾小蜂专门寄生于虫瘿中的栗瘿蜂幼虫，是自然界控制栗瘿蜂发生的主要因子。所以，在对栗瘿蜂的防治上，只采用化学防治法很难奏效，而剪除害虫喜欢产卵的枝条和保护利用寄生蜂是防治栗瘿蜂的主要措施。栗实象甲是板栗的另一种重要果实害虫，常常造成板栗有果无收。这种害虫的幼虫一生都在果实内生活，老熟后才脱果入土化蛹。根据这一危害特性，采用捡拾落果、药剂熏杀果内幼虫和药剂处理土壤消灭入土越冬幼虫等方法，可有效地控制危害。栗干枯病（胴枯病）分布于全世界板栗产区，是威胁板栗生产的主要病害。这种病害主要发生在主干上，且基部发生较多，严重时造成全树死亡。引起病害的病菌是一种弱寄生菌，在自然界分布较广，只有在树体衰弱的情况下才能致树体发病，造成危害。另外，病菌侵入寄主的主要部位是伤口。所以，加强栗树栽培管理，提高树体的抗病性，避免在树体上造成伤口，减少病菌侵染的机会，是防治栗干枯病的根本措施。

14. 板栗病虫害的防治方法有哪些？

对板栗病虫害，要采取综合防治的策略和方法。综合防治方案的制订，要根据当地主要病虫害种类、天敌种类的发生规律，确定防治和兼治对象，并逐个制订出危害历和防治计划，尽可能列出防治指标，抓住防治的关键时期，结合物候期制订出当地综合防治方案。主要包括农业防治、人工防治、物理防治、生物防治、化学防治。

农业防治　采取农业措施来阻止或减轻病虫害发生，如增施有机肥，越冬前结合秋施基肥彻底清理果园内枯枝、落叶和杂草；冬季或早春刮树皮，并将树皮等杂物集中烧毁。地势低湿度大的栗园或多雨产区，做好排水工作，降低园内湿度，减少病菌萌发机会。叶面喷施沼肥既可以给树体补充营养，又可以对病虫害起到一定的防治作用。

人工防治　在生长期随时剪除病枝、病叶，带出果园晒干烧毁；早春对数量不多的雌蚧随手捏死，敲碎刺蛾茧；开花前摘除蚧在叶背的卵囊；对具有假死性的象甲和金龟子等均可人工捕杀。早春在根颈周围堆土及树干基部围塑料薄膜，可阻止雌虫上树产卵。

物理防治　是指利用物理因素如光、热、电、温、湿、放射能等防治病虫。例如，利用灯光可以诱杀趋光性强的害虫，如尺蠖、木蠹蛾、天蛾、金龟子等。晚秋在树干上绑草，能引诱隐蔽在树皮裂缝下越冬的害虫群集于草带内越冬，而后集中烧毁。

生物防治　有以虫治虫、以鸟治虫和以菌治虫三类。如利用肿腿蜂防治天牛，利用草蛉、瓢虫、畸螯螨、蜘蛛、蟾蜍及许多食虫益鸟等，以及利用寄生蜂、寄生蝇等和利用苏云金杆菌、白僵菌等。果园养鸡既可以减少果园杂草、又可减轻病害发生，还有一定防虫效果。

保护天敌的措施有：①冬季不刮树干基部老树皮，或秋季在树干基部绑缚草秸，诱集天敌越冬。②合理使用农药，选择对主要害虫杀伤力大，而对天敌毒性较小的农药种类，在天敌数量较少或天敌抗药力较强的虫态阶段如蛹期喷药；或在果园内分区施药，可降低对天敌的危害。③引进天敌，弥补当地天敌的不足。④人工繁殖天敌，适时释放。

化学防治 在使用化学农药时，一定要先做好病虫测报工作。把握好喷药时期、药剂种类及浓度。喷药时要周到均匀，树冠上下里外必须沾有药液。雨水多的年份，应在采收前喷施一次倍量式波尔多液保护叶片。采果后，再喷施0.3%～0.5%尿素溶液1～2次，以延长叶片寿命，推迟落叶期，增加叶绿素，促进光合作用，提高储藏营养水平。

15. 如何科学合理使用农药?

加强病虫害的预测预报，做到有针对性的适时用药，未达到防治指标或益虫害虫比合理的情况下不用药。

允许使用的农药，每种每年最多使用两次。最后一次施药距采收期间隔应在 20天以上。

限制使用的农药，每种每年最多使用1次。施药距采收期间隔应在30天以上。

严禁使用禁止使用的农药和未核准登记的农药。

根据天敌发生特点，合理选择农药种类、施用时间和施用方法，保护天敌。

注意不同作用机制的农药交替使用和合理混用，以延缓病菌和害虫产生抗药性，提高防治效果。

坚持农药的正确使用，严格按使用浓度施用，施药力求均匀周到。

16. 植物生长调节剂类物质如何使用?

使用原则 在板栗生产中应用的植物生长调节剂主要有赤霉素类、细胞分裂素类及延缓生长和促进成花类物质等。允许有限度使用对改善树冠结构和提高果实品质及产量有显著作用的植物生长调节剂，禁止使用对环境造成污染和对人体健康有危害的植物生长调节剂。

允许使用的植物生长调节剂及技术要求 6-苄基腺嘌呤、赤霉素类、乙烯利、矮壮素等，严格按照规定的浓度、时期使用，每年最多使用一次，安全间隔期在20天以上。禁止使用的植物生长调节剂有比久、萘乙酸、2,4-二氯苯氧乙酸等。

17. 如何识别与防治栗疫病？

栗疫病（彩图 1）又名板栗干枯病、栗胴枯病，为世界性栗树病害。20 世纪初期，该病在欧美各国广为流行，由于美洲栗和欧洲栗极不抗病，几乎毁灭了所有的栗林，造成巨大损失。我国板栗被世界公认为是高度抗病的树种。

危害 近年来栗疫病在四川、重庆、浙江、广东、河南等地均有发生，部分地区已造成严重危害，是目前板栗生产中值得注意的动向。被害栗树轻则局部树干感染，树势衰弱，重则树干溃烂，造成死亡。

症状和发病规律 该病危害苗木和大树的主干和枝条。发病初期树皮上出现圆形或不规则的褐色病斑，以后病斑不断增大，可侵染树干一周，并上下扩展。病斑呈水肿状隆起，干燥后树皮纵裂。春季在受害树皮上可见许多橙黄色疣状子座，直径 1 ～ 3 毫米，雨天潮湿时，从子座内排出黄色卷须状的分生孢子角，秋后，子座变为橘红色，内部形成干囊壳。病皮下和木质部之间，常生有白色羽毛状扇形菌丝层，后变为黄褐色。

病菌以子座和扇状菌丝层在病皮内越冬，分生孢子和子囊孢子均能侵染，分生孢子于 5 月开始释放，借雨水、昆虫、鸟类传播，从伤口侵入，子囊孢子于 12 月上旬成熟释放，借风传播，也从伤口侵入寄主。新病斑始现于 3 月底或 4 月初，扩展很快，至 10 月底逐渐停止。该病菌为弱寄生菌。栗园荒废、管理不善，过度修枝，人畜破坏，都会引起树势衰退而诱发此病。病菌可随苗木传到外地，还能潜伏到栎树上危害，以后再转移到栗树上。

防治

●增强树势。加强栗园管理，适时施肥、灌水、中耕、除草，以增强树势，提高抗病力，并及时防治蛀干害虫，严防人畜损伤，减少伤口侵染。

●清除病部。及时剪除病死枝，对病皮、病枝，应带出栗园，彻底烧毁，防止病菌在园内飞散传播。

●刮除病斑。刮除主干和大枝上的病斑，深达木质部，涂 40％腐烂敌或 843 康复剂原液，或涂 400 ～ 500 倍“402 抗菌剂”，并涂波尔多液作为保护剂。

●严格检疫。禁止病区的苗木、接穗运往无病区，可阻止有毒菌系的侵染。这也是防治栗疫病的重要途径。

18. 如何识别与防治板栗白粉病？

该病在河南、贵州、广西、安徽、江苏、浙江等地均有发生。

危害 主要危害板栗、茅栗、栎类等树种，尤以苗木、幼树受害较重，被害嫩梢和叶片发黄或枯焦，影响生长，严重时可引起幼苗死亡（彩图2）。

症状和发病规律 危害叶片、新梢和幼芽，在叶片上先出现黄斑，随后出现大量的白色粉状物即分生孢子。受害的嫩枝常发生扭曲，嫩梢被害处亦生有白粉，影响木质化，易遭冻害。到秋季，在白粉层中形成许多黑色小颗粒状的闭囊壳。

病菌以闭囊壳在病叶或病梢上越冬，翌年4～5月间放出子囊孢子，侵染新梢嫩叶。在整个生长季节，随着新梢的生长，病菌连续产生分生孢子，多次侵染危害。温暖而干燥的气候条件有利于白粉病的发展，南方梅雨季节抑制侵染。发病以1～2年生苗木最重，10年生以上的大树发病较少。苗圃潮湿、过密的情况下，幼嫩新梢发病较重，幼树根蘖、食叶害虫危害后新萌发的嫩叶及较嫩的徒长枝都是容易发病的部位。

防治

●清理栗园。冬季清除落叶、病枝和萌芽条，集中烧毁，以减少越冬病原。

●增强抗病力。合理施肥、灌溉，注意肥料三要素的适当配合，多施钾肥及硼、硅、铜，锰等微量元素，控制氮肥用量，避免徒长。宜采用高床育苗，以利排水，妥善掌握播种量，避免苗木过密，以增强其抗病能力。

●喷药防治。发病期喷0.2～0.3波美度石硫合剂或硫黄粉，也可喷50%退菌特可湿性粉剂1 000倍液，或1∶1∶200的波尔多液，或使用灭菌丹、敌克松等药剂，均有良好效果。

19. 如何识别与防治栗叶斑病？

叶斑病又名轮纹叶斑病、轮纹褐斑病、黄斑病等，发生在辽宁、河南等板栗产区，危害板栗、槲树的叶片。

危害 在叶片上形成枯死的病斑，严重时造成早期落叶，影响栗树的正常生长，对苗木和幼树危害较大（彩图3）。

症状和发病规律 发病初期，在叶脉之间、叶缘及叶尖处形成近圆形或不规则的黄褐色病斑，直径 0.4 ～ 2 厘米，边缘色深，外围叶组织失绿，形成黄褐色晕圈。随着病斑的扩大，叶面病斑内陆续出现小黑粒体，即病原菌的分生孢子盘和分生孢子。发病后期，小黑粒体增多并密集相连，排列呈同心轮纹状。病斑枯死后，常混生其他腐生性真菌。

以分生孢子盘或分生孢子在落叶病斑上越冬，为第二年初次侵染的病菌来源，多发生在秋季。

防治

●消灭越冬病原。清除落叶，烧毁病枝，消灭越冬病原。

●提高抗病力。改善栗园通风、透光条件，加强抚育管理，提高栗树的抗病力。

●喷药防治。发病期前向叶面喷洒 1∶1∶（120 ～ 160）的波尔多液，进行预防，或在栗树发芽前喷洒 2 ～ 3 波美度石硫合剂或 5%的硫酸铜溶液防治。

20. 如何识别与防治板栗白纹羽病?

白纹羽病是树木常见的病害，能危害板栗、栎、榆、槭、冷杉、落叶松、桑、茶、苹果等多种林木和果树，在农作物上也常有发生。该病分布在辽宁、河北、山东、浙江、江西、云南和海南等地。

危害 危害苗木和成年树，能引起枯萎死亡，对苗木的危害更大。

症状和发病规律 发生在根部，须根全部腐烂，根的表面布满密集交织的菌丝体，菌丝体中具有纤细的羽纹状白色菌索（彩图 4）。病根皮层极易剥落，皮层内有时见到黑色细小的菌核。病株叶片发黄、早落，枝条枯萎，最后整株死亡。

病原以病腐根上的菌核或菌丝体在土壤中潜伏，接触根部而侵染。由带菌苗木向外处传播。一般在低洼潮湿、排水不良的地方及高温季节发病严重。

防治

●控制肥水。苗圃地应注意排水，避免过多施用氮肥。发病严重的苗圃地，应休闲或改种禾本科作物，5 ～ 6 年后再进行育苗。

●严格检疫。严格检查引进的苗木，选择健壮无病的苗木进行栽植，发现病株，立即挖出烧毁，并用 20%石灰水灌注周围土壤，所用工具也要用 0.1%

升汞溶液进行消毒。

●苗木消毒。用 20%石灰水或 1%硫酸铜溶液浸根 1 小时进行消毒，然后再栽植苗木。

21. 如何识别与防治栗实霉烂病?

霉烂病是保管储运过程不当引起的一种烂果病。

危害 栗实采收后，在储藏或运输过程中，常有大批发霉腐烂，造成很大损失。

症状和发病规律 发病的种实内外，特别是子叶部分，长有绿色、黑色或粉红色等霉状物，种仁变褐腐烂或僵化，具有苦味和霉酸味（彩图 5）。

各种霉菌孢子广泛散布于空气、土壤中及种实表面，栗实和这些病菌接触的机会很多，病菌由伤口侵入，特别是果实有虫蛀或在采收、脱粒、储运过程所造成的伤口有利于病菌的侵入。储藏的栗实若含水量过高或堆积受潮，储藏温度过高或通气不良时，均容易引起霉烂。

防治

●选择无伤栗实。栗实采收、脱粒及储藏时应尽量避免创伤，并采取综合措施防治蛀果害虫。

●注意储藏条件。储存前剔除损伤、虫蛀果实，储存库应保持低温、通风和清洁卫生。种子库在使用前，用甲醛或硫黄密封熏蒸消毒，以减少病菌。

●种子消毒 作种子用的栗实，沙藏催芽时最好先用 0.3%高锰酸钾液消毒 20～30 分，用清水冲洗后再混沙。沙也应首先用福尔马林 1∶10 倍液喷洒消毒 30 分，待药味散失后再使用。

●气调储藏。利用气态或液态氮储藏栗实，是一种新的简便而经济的储存方法，既能保持其生机，又不会发生霉烂。

22. 如何识别与防治栗实剪枝象?

识别特征 栗实剪枝象又名剪枝象鼻虫、剪枝象甲、锯枝虫、板栗剪枝象鼻虫及橡实剪枝象鼻虫等（彩图 6）。成虫专咬嫩果枝，造成幼栗苞大量落地，一般危害轻的减产约 20%，严重的减产 50%～90%。在我国分布很广，危害板栗、茅栗、栓皮栎、麻栎、辽东栎、蒙古栎等树种，尤以板栗受害最重。

成虫虫体黑蓝色，具金属光泽，密生银灰色绒毛，并疏生黑色长毛。雌虫体稍长，雄虫体稍短。卵长约 1.3 毫米、椭圆形，初产乳白色，渐变黄白，近孵化时一端呈现橙色小点。幼虫体长 4.5 ～ 8.6 毫米，初孵幼虫乳白色，老熟幼虫黄白色，头部缩入前胸背板内，缩入部分白色，前端露出部分黄褐色，口器黑褐色，前胸背板宽大发达，具两块不很明显的橙黄色斑块，体多横皱，常呈镰刀状弯曲，胴部每节上横生一排较密的黄白色毛。蛹长 0.7 ～ 0.9 毫米，初化蛹呈乳白色，后变淡黄色，密生细毛，腹部末端有一对深褐色尾刺。

栗实剪枝象 1 年发生 1 代，以老熟幼虫在土中越冬。5 月上旬开始化蛹，5 月中旬为化蛹盛期。羽化的成虫 5 月下旬开始出土，6 月中旬出土最多，至 7 月中下旬在田间仍可见到少量的幼虫。6 月中下旬为产卵盛期，卵于 6 月中下旬开始孵化，7 月上中旬达孵化盛期。幼虫于 8 月开始脱果，9 ～ 10 月为脱果盛期。幼虫脱果后入土越冬。

防治方法 栗实剪枝象的防治，应抓住幼虫入土及成虫出土的关键时期，清理虫苞，地面用药。

●清理虫苞。被成虫咬断的果枝，落地后明显易见，应于 6 ～ 7 月间逐园捡拾、清理虫苞 3 ～ 4 次。清理时要做到细致彻底，捡后集中烧毁，不可随便处理。

●深翻栗园。秋冬季节深翻栗园土壤，清除杂草，有利于栗树的生长发育，并使幼虫遭受旱、冻而死，减轻来年危害。

●药杀成虫。①烟雾熏杀。6 月中旬至 7 月上旬，即成虫羽化盛期，选微风或无风的早晨和傍晚，用六二一烟雾剂在栗园点燃放烟，连放 3 次，保果率可达 90% 以上。②喷洒亚胺硫磷。6 月中下旬，用 25% 乳油稀释成 500 倍液或 1 000 倍液，喷洒 2 遍，被害苞减少 15%。或在成虫羽化初期和盛期，先后 2 次用 75% 辛硫磷乳油 1 000 倍或 2 000 倍液喷洒，效果非常显著。③喷洒苏云金杆菌。在成虫期使用 2 次，栗苞被害率由 31.9% 下降为 16.6%。

23. 如何识别与防治栗实象甲?

识别特征 栗实象甲又名栗实象鼻虫，是危害栗实最严重的害虫，在我国各主要板栗产区常猖獗发生（彩图7）。栗实象甲主要危害栗实，我国栗产区每年有20%～40%的栗实被害，严重地区可达90%以上。被害栗实失去食用价值或发芽能力，并会发霉腐烂，不便储运，成为板栗生产中的巨大灾害。

成虫体长5～9毫米，宽2.6～3.7毫米，头管细长，前端向下弯曲；触角肘状，11节，生于头管两侧；全体密被黑色绒毛，前胸两侧具白色毛斑，两翅鞘各有11条纵沟；雌雄成虫异型，雌虫头管长度略等于雄虫的两倍，雌虫比雄虫体稍大，雌虫触角着生在近头管基部1/3处，雄虫触角着生于头管中央。卵长约0.8毫米，椭圆形，具短柄，初期白色透明，后期变为乳白色。幼虫乳白色，体长8～12毫米，头部黄褐色，或红褐色，口器黑褐色。身体乳白色或黄白色，多横皱褶，略弯曲，疏生短毛。蛹体长7～11.5毫米，初期为乳白色，以后逐渐变为黑色，羽化前呈灰黑色。喙管伸向腹部下方。

栗实象甲在河南、浙江等地两年完成1代。成虫7月出土产卵，9月幼虫孵化，10月、11月幼虫脱果，然后入土越冬，第二年继续滞育土中，第三年6月化蛹。蛹将要羽化时，胸背、翅缘及足先由乳白色变为淡红色或黑褐色。成虫羽化后并不立即出土，仍在土室内不食不动，颜色由红变灰，再由灰变黑，体壁也逐渐硬化，经10～15天才能出土。在河南南部，成虫于7月下旬至9月上旬出土，出土盛期集中在8月上旬。

防治方法

●集中消灭幼虫。①及时采收成熟栗实。栗实成熟后，采收工作应力求做得及时彻底，以减少幼虫在林地脱果入土的数量。山区植被茂密，地形复杂，一般不易做到彻底采收，这正是山地栗林被害较重的主要原因。②集中沤制脱粒。大面积的栗园，每年都要处理几万乃至几十万千克的栗苞，最好根据栗苞数量建筑相应的水泥脱粒场，场四周边缘筑高20厘米挡堤，以免幼虫爬出。把采收的栗苞集中堆放在场地中央，高1米，栗苞堆上面和四周覆10厘米厚的草，每天洒一两遍水，使栗苞充分沤制，经7～15天，栗苞软化开裂，然后用铁耙敲打栗苞，搂去苞皮，捡出栗实即可。通过这样的沤制过程，便使幼虫集中在脱粒场所。③消灭幼虫。由于幼虫集中在地面硬化的脱粒场上，又爬不出去，便很容易消灭。最好的办法是唤来鸡群，顷刻即可食净。这是一种花钱不多而且简便易行的方法，可大量消灭栗实象甲。在虫口密度大的栗园，于成虫出土期在地面喷洒5%辛硫磷颗粒剂，可有效消灭幼虫。

●热水浸种。用 50 ～ 55℃热水浸种 10 分，可杀死栗实中各龄幼虫。栗实采收后，大部分幼虫处于 2 ～ 4 龄，取食轻微，及时进行热水浸种，便可制止继续危害。此法对于剪苞法脱粒及数量不大的栗实极为实用。为使水温维持在 50 ～ 55℃，其水量应为栗实的 2 ～ 3 倍。再把水温调在 60 ～ 65℃，把栗实浸入热水中 10 分，然后捞出晾干即可

●选育抗虫品种。选育推广栗实大、苞刺密及成熟早的抗虫品种，是预防该虫危害的根本方法，应引起重视。

●栗实熏蒸。将新脱粒的栗实放在密闭条件下（容器、封闭室或塑料帐篷内），用药剂熏蒸。药剂处理方法如下：①溴甲烷。每立方米栗实用药 2.5 ～ 3.5 克，处理 24 ～ 48 小时。②二硫化碳。每立方米栗实用 30 毫升，处理 20 小时。

●药剂防治。7 月下旬至 8 月上旬成虫发生期，用农药对地面实行封锁，可喷洒 50% 辛硫磷乳油 1 500 倍液、40% 氧乐果乳油 1 000 倍液、90% 敌百虫晶体 1 000 倍液，杀灭效果较好。

24. 如何识别与防治栗皮夜蛾？

识别特征 栗皮夜蛾（彩图 8）分布于河北、河南、山东等地，是危害栗实的主要害虫之一。除危害板栗外，还危害橡实和茅栗。近年来，河南南部板栗产区普遍发生，蔓延成灾，严重的可造成栗林绝产。以幼虫取食苞刺、苞皮，3 龄后蛀入栗实内取食，将粪便排于蛀入孔附近的丝网上，被害栗苞苞刺变黄干枯。幼虫有转果危害的习性，危害 2 ～ 5 个栗苞。栗苞被害后，顶端呈放射状开裂，露出栗实，粪粒和丝堆黏在苞上，极易识别。

成虫体淡灰黑色，长 8 ～ 10 毫米，翅展 19 ～ 23 毫米，前翅银灰色，基部灰黑色，亚基线为平行的黑色双线，较显著，内横线呈细波状纹，其内侧为灰白色的宽横带；中横线在后缘上方，向内曲折到近前缘处，与内横线相连；外横线在后缘上方向外曲折，并折向前缘中部；内横线与外横线之间为灰白色，近前缘处呈灰黑色半圆形大斑，外横线近后缘上方有一灰黑色椭圆形斑点，十分明显。后翅淡灰色。卵半球形，直径 0.6 ～ 0.8 毫米，顶端有圆形突起，向周围有放射状的隆起线。初产时乳白色，后变橘黄色，孵化前灰白色。老龄幼虫体长 15 毫米左右，青绿色，体背及两侧隐约可见 3 条灰色纵带，头部、前胸盾、

背板深褐色，体节上有明显的褐色毛片，腹部各节背面4个毛片明显，排列呈梯形。蛹长10毫米左右，白色，后褐色渐变黑，蛹体粗短，体节间带白粉。老热幼虫吐丝结茧化蛹，紧固密封，纺锤形，茧长13毫米左右。

在河南新县板栗产区，栗皮夜蛾1年发生3代。以蛹在落地栗苞刺束间的茧内越冬。翌年5月上旬成虫开始羽化，5月中下旬出现第一代卵，5月下旬幼虫开始孵化，6月上旬为孵化盛期，6月中下旬达危害盛期，6月下旬开始化蛹，7月中旬为化蛹盛期。7月上旬开始羽化成虫并出现第二代卵，7月下旬达产卵盛期，7月中旬幼虫开始孵化，7月下旬至8月上旬达危害盛期，8月中旬化蛹，8月下旬为化蛹盛期。9月上旬为成虫羽化盛期，并见第三代幼虫，10月中旬至11月中旬陆续结茧化蛹越冬。栗皮夜蛾在山东临沂地区1年2代。

防治方法

●喷药防治。抓住第一代和第二代幼虫在3龄以前尚未进入栗苞内危害的特性，用七二一六菌药1 100倍液，进行高射喷雾，重点喷栗树的中下部栗苞。根据虫情测报，第一代防治时间在6月2～4日、6月10～12日，第二代防治时间在7月25～27日，8月3～5日，各喷一次，只要喷药认真、细致，效果十分显著。也可喷洒40%氧乐果乳油1 500倍液或90%敌百虫晶体1 000倍液等高效低毒农药，每亩喷洒药液200升，杀虫效果良好。

●人工防治。根据栗皮夜蛾危害栗苞落地的特点，每年9月上旬，组织人力彻底捡净落地虫苞，集中烧掉，减少越冬虫源。同时清除栗园内枯枝落叶，砍除栗园周围的橡树丛，以减少寄主。

25. 如何识别与防治板栗雪片象？

识别特征 板栗雪片象（彩图9）属鞘翅目象甲科，主要发生在深山区，危害板栗、茅栗等树种。

成虫体长9～11毫米（头管除外），体宽约4.5毫米，栗褐色，全体密被黄色短毛；头管较粗短，长2.5～3毫米，黑色，具皱纹粗刻点，稍弯曲；复眼黑色，触角肘状，基部黑色，端部膨大，赤褐色；前胸背板椭圆形，黑色，密布瘤状颗粒，翅鞘上各有10条由黑色凹陷圆点组成的纵沟，从翅鞘基部至翅鞘的2/3为栗褐色，近端部呈黄褐色。腹面黑色，密布黄褐色绒毛。胸腹之间有一弧形沟，雄虫明显，雌虫不明显。卵椭圆形，橙黄色，长 0.9 毫米，长宽略相等。幼虫体肥胖，稍弯曲，体衰有皱纹，老熟幼虫体长约 15 毫米。蛹白色，长 10 毫米左右。

据河南省新县林业科学研究所观察，板栗雪片象每年发生 1 代，以幼虫在栗实内越冬。成虫羽化后，潜伏在栗实内不动，待 5 月中旬开始咬孔钻出，成虫较活泼，爬行迅速，善攀缘，白天多潜伏在叶背面等隐蔽处，傍晚 7 点至凌晨最活跃。受惊扰即坠地假死，成虫有补充营养的特性，取食嫩枝皮层，然后交尾产卵。卵多产在栗实基部周围刺束下的栗苞上，一般 1 个栗苞仅产卵 1 粒，1 头雌虫一生产卵 5 ～ 35 粒。卵经 8 天左右孵化为幼虫，孵化率达 95%左右，幼虫孵化后，先取食苞皮，然后蛀入栗实基部危害。由于栗实基座受伤，水分和养分的供应被切断，造成栗苞脱落。8 月底至 9 月初栗苞落地最多。栗苞落地后，幼虫仍在栗实内蛀食，至 9 月底停食越冬。

防治方法 8 月下旬至 9 月上旬，人工捡拾栗苞，集中烧掉，减少越冬虫源。5 月底至 6 月中旬成虫补充营养时期，结合防治剪枝象，可喷洒 40% 氧乐果乳油 1 500 倍液，每亩喷药液 200 升，可收到良好效果。对栗园周围的栎树也应开展防治，以免互相蔓延危害。

26. 如何识别与防治桃蛀螟？

识别特征 桃蛀螟又名桃食心虫、桃蛀心虫、果斑螟蛾、桃螟蛾、桃实虫等（彩图 10）。分布很广，浙江、江苏、江西、湖南、湖北、四川、陕西、河南、山东、河北，东北及东南各地都有发生。

桃蛀螟食性极杂，是危害栗实最凶的害虫之一，在我国北方各板栗产区，常受此虫的危害。据在河南省确山、信阳、固始、新县、林县等地调查，栗实平均被害率为 3.8%，近年来普遍在 20%左右，严重的年份和危害严重的地区，虫果率可高达 50%以上，不但产量受到损失而且还会使果实品质大大降低。

成虫虫体为橙黄色，体长约 12 毫米，翅展 25 毫米左右。胸部密生被毛，具黑色斑点。前翅近三角形，后翅略呈扇形，翅为黄色，有散在黑色斑点 24 ～ 26 个。卵长约 0.6 毫米，椭圆形。初为乳白色，后变黄色，最后为红色。幼虫体长约 25 毫米，头黑褐色，体背面淡红色，腹面淡绿色，各节有明显的黑绿色毛片8个。蛹长13～15毫米，黄褐色，茧灰白色，附有灰黄色木屑。

长江流域1年4代，河南1年3～4代，华北为2代，以老熟幼虫在树皮缝、树洞、栗储场、向日葵花盘、玉米秸秆和穗轴内越冬。

桃蛀螟世代危害严重，各地4～9月几乎都能见到成虫。5月上中旬越冬代成虫羽化，白天静伏在叶背阴暗处，夜晚8～10点活动，有趋光性。6～7月发生第一至二代幼虫，主要危害桃、李果实，至7月下旬出现的第二代成虫则转移到板栗上产卵。卵散产于栗苞针刺间，以两个栗苞相靠的刺束间产卵最多，8月上中旬为产卵蛀果盛期，至栗实采收时还有少量幼虫蛀果。初孵幼虫蛀入栗苞后，先在苞皮与栗实之间串食，并排有少量褐色虫粪。幼虫稍大，即蛀入栗实中食害，蛀孔深而粗，孔外排有大量虫粪。在一个栗苞内幼虫可连续危害2～3个栗实，一条幼虫一生危害栗实2～5个。

防治方法

●药剂防治。栗苞采收后桃蛀螟在栗苞堆积期间大量蛀食栗实，尤其在堆温升高、苞皮沤烂开裂时大量危害。因此，这个时期是控制桃蛀螟危害的关键时期。应在栗苞堆放开裂时，用为90%敌百虫结晶体1 000倍液，均匀喷洒在栗苞上，随喷随翻动，用药量为栗苞重量的25%～30%，可减少80%的虫果率。或将栗蓬装入筐内，在盛药液的缸中浸一下再上堆，效果很好。

●及时脱粒。栗苞采收后，堆积5～6天，当栗苞大部分开裂，幼虫尚未蛀入栗实时，应抓紧时间进行脱粒，可减少40%的虫果率。

●诱杀越冬幼虫。在栗苞沤制脱粒场所周围，散设砸劈的高粱秆或玉米秆，诱使幼虫钻蛀越冬，然后集中烧毁。

●消灭越冬幼虫。8～9月桃子采收后，严格清除虫果，防止幼虫迁出蔓延，翌年成虫羽化前，彻底处理向日葵花盘、玉米秸秆和栗空苞等越冬寄主；冬季消灭仓库中的越冬幼虫。

●诱杀成虫。在栗园内适当设置黑光灯网点，或使用性诱剂诱杀成虫。

●熏蒸杀虫。栗实采收后立即采用二硫化碳熏蒸，可以杀死桃蛀螟、栗实象甲等多种果实害虫。首先选建密封的熏蒸室，门向外开放，门框及门缘衬贴以厚绒布，以免留缝漏气，量小时也可采用熏蒸箱、坛瓮之类。熏蒸前先将栗实放入熏蒸室或其他密闭容器，将一定量的二硫化碳盛于浅皿或浅碗中，置于熏蒸室或箱的上方。因二硫化碳气较空气重，气化后逐渐下沉弥漫。一般每立方米用二硫化碳 40 ～ 65 克，密闭熏蒸 18 ～ 24 小时即可。二硫化碳熏蒸对板栗的品质、风味、外观及发芽力均无影响，也很简便经济。但二硫化碳气体极易着火爆炸，使用和储藏时应特别小心。

●利用天敌。桃蛀螟的寄生天敌主要是黄眶离缘姬蜂，寄生率较高。

27. 如何识别与防治栗小卷蛾?

识别特征 栗小卷蛾(彩图11)又名橡实卷叶蛾、栗实蛾，分布于东北、华北、西北、华东等板栗产区。在辽东地区发生严重，江苏南京、宜兴等地也有发生。幼虫危害栗、栎、核桃、榛、山毛榛等树种的果实，有时咬伤果柄切断维管束，使栗苞未成熟而脱落，受害严重的栗园，栗实被害率达 30%～ 40%，严重影响板栗的产量和质量。

成虫翅展 12 ～ 22 毫米，前翅灰褐色，后翅灰色，前翅有两条蓝色光泽的线纹，外缘有黄灰色斑，斑的内缘黑色。卵椭圆形，灰白色或黄白色，长 0.5 毫米左右。幼虫体长 12 ～ 15 毫米，灰白色，偶为黄色或淡红色，头部暗黄褐色，体节上的毛片色深而稍突起，体被白色细毛，愈向体末毛愈长。蛹长约 10 毫米，腹节背面具有两排刺突，前排稍大于后排，赤褐色。茧白色，纺锤形，稍扁，以丝缀枯叶而成。

该虫 1 年发生 1 代，以老熟幼虫在栗苞或落叶层中结茧越冬。在东北丹东地区，第二年 6 月化蛹，成虫于 7 月上旬出现，7 月上中旬为羽化盛期，卵产于栗苞上，7 月中旬为产卵盛期，7 月下旬幼虫孵化，先危害栗苞，9 月上旬大量蛀入栗实危害，被害果外常有白色和褐色颗粒状的虫粪堆积，并有丝缀合。幼虫期 45 ～ 60 天，9 月下旬至 10 月上中旬栗实成熟落地，老熟幼虫在栗实上咬一卵形孔钻出，潜入落叶层内、树皮缝、浅土层、石块间或栗苞上做茧越冬。

防治方法

●人工防治。首先清洁栗园，在板栗落叶后清扫栗园，堆烧栗园内的地被物，消灭越冬幼虫。在堆栗场铺上苞布或塑料布，待栗实取走后收集幼虫集中消灭。

●药剂防治。7 月下旬至 8 月中旬幼虫尚未蛀入栗实内之前，细致地向栗苞喷洒 25%亚胺硫磷乳剂 1 000 倍液，或 50%杀螟松乳油 1 000 倍液。

●生物防治。利用其天敌赤眼蜂防治栗小卷蛾可取得良好效果。在成虫产卵期放赤眼蜂，每亩设 7 ～ 10 个放蜂点，放蜂量约 30 万头。

28. 如何识别与防治大袋蛾？

识别特征 大袋蛾又名大蓑蛾、避债蛾，俗称布袋虫、吊死鬼、背包虫等。分布于河南、山东、安徽、江苏、浙江、江西、湖北、湖南、四川、云南、广东、福建及台湾等地。

成虫雌雄异型。雌成虫无翅，乳白色，肥胖呈蛆状，头小，黑色，圆形，触角退化为短刺状，棕褐色，口器退化，胸足短小，腹部 8 节，均有黄色硬皮板，节间生黄色鳞状细毛。雄虫有翅，翅展 26 ～ 33 毫米，体黑褐色，触角羽状，前、后翅均有褐色鳞毛，前翅有 4 ～ 5 个透明斑。卵椭圆形，淡黄色。雌幼虫较肥大，黑褐色，胸足发达，胸背板角质，污白色，中部有两条明显的棕色斑纹；雄幼虫较瘦小，色较淡，呈黄褐色。雌蛹黑褐色，体长 22 ～ 33 毫米，无触角及翅；雄蛹黄褐色，体细长，17 ～ 20 毫米，前翅、触角、口器均很明显。

在河南、江苏、浙江、安徽、江西、湖北等地 1 年发生 1 代，南京和南昌极少数发生 2 代，广州发生 2 代。以老熟幼虫在袋囊中挂在树枝梢上越冬。在郑州地区，翌年 4 月中下旬幼虫恢复活动，但不取食。雄虫 5 月中旬开始化蛹，雌虫 5 月下旬开始化蛹，雄成虫和雌成虫分别于 5 月下旬及 6 月上旬羽化，并开始交尾产卵。6 月中旬幼虫开始孵化，6 月下旬至 7 月上旬为孵化盛期，8 月上中旬危害剧烈，9 月上旬幼虫开始老熟越冬。

该虫一般在干旱年份最易猖獗成灾，6 ～ 8 月总降水量在 300 毫米以下时，会大量发生，在 509 毫米以上时发生少，不易成灾。主要是降雨后空气湿度大，影响幼虫的孵化并易引起罹病死亡。在其善食的二球悬铃木、泡桐等“四旁”林木及苗圃、栗园、茶园内常危害猖獗。

防治方法

●人工防治。冬季或早春摘除袋囊。

●化学防治。采用 90% 敌百虫晶体 1 000 ～ 2 000 倍液防治 1 ～ 3 龄幼虫，500 ～ 800 倍液防治 4 ～ 5 龄幼虫，杀虫率可达 90% ～ 100%。采用 50% 马拉松乳剂 1 000 倍液，或 50% 辛硫磷乳油 800 倍液，或 50% 敌敌畏乳剂 800 倍液，也有良好的效果。喷药时期宜在幼虫孵化盛期或幼虫初龄阶段，虫龄愈大不但抗药性愈强，并有绝食迁移避药的习性。

●生物防治。在郑州于7月30日喷洒0.2%苏云金杆菌液，72小时幼虫死亡率达100%。室内试验，用马铃薯固体培养基培养的白僵菌，接种于老熟幼虫体上，罹病死亡率达100%。上海市采用青虫菌1 000倍液防治树木上的大袋蛾，喷药7天后，幼虫死亡率达90%以上。目前发现大袋蛾的天敌有桑蟥聚瘤姬蜂、袋蛾瘤姬蜂、大腿小蜂、黑点瘤姬蜂、脊腿姬蜂、小蜂及寄生蝇、线虫和细菌等，施药时应注意保护天敌。

29. 如何识别与防治板栗窗蛾？

识别特征 板栗窗蛾又名窗斑翅蛾（彩图12），在江西新造板栗幼林普遍发生，部分地区危害严重，受害率达40%～50%。幼虫食害叶肉，使叶片枯黄，影响栗树生长。

成虫全体黄褐色，雌虫体长8.0～8.5毫米，翅展20～22毫米，雄虫体长9.5～10.0毫米，翅展18～20毫米，头部草绿色，触角丝状，长度约为前翅缘的一半，翅上有网状斑纹，前翅的中间和顶角有一条不规则的黑褐色的斜纹带。胸足淡黄色，中足胫节有刺一对。卵长卵形，长0.8毫米，顶端有圆盖，卵壳上有纵隆起线10～12条，各纵线之间又有横线若干条，初产时乳白色，渐呈乳黄色，最后变为棕褐色。幼虫体长16～17毫米，全体淡黄色，老熟时呈金黄色。每一体节上有黑色的肉疣8～10个，每个疣上生乳黄色毛1根。蛹长9.5～10.0毫米，油黄色。

在江西1年发生3代，以老熟幼虫在落地的老卷叶内越冬。成虫羽化以每天晚上8～10点最多，一般晚上6～9点为成虫活跃时间。具有趋光性。成虫白天和夜间都能产卵，但以夜间较多，一般散产于嫩叶面上，多数为每片叶1粒，少数为2～3粒。卵的孵化率高达90%以上，初孵幼虫钻入嫩叶主脉的组织内危害，2～3天后再爬出来，吐丝卷叶，在嫩卷叶内取食叶肉，待被害叶片日渐枯黄后，再迁移到另一叶片，继续危害。取食以每天上午7～10点最盛。幼虫5龄老熟，在卷叶内化蛹。

防治方法

●清扫落叶。由于幼虫在落叶卷筒内越冬，因此要在栗树落叶后至成虫羽化前认真清除落叶，集中烧毁，消灭越冬幼虫。

●喷药防治。在幼虫危害盛期喷洒90%敌百虫晶体2 000倍液，或喷洒2.5%溴氰菊酯乳油2 500倍液，20%氰戊菊酯乳油2 000倍液，对幼虫均有较好的防治效果。

30. 如何识别与防治古毒蛾?

识别特征　古毒蛾又名缨尾毛虫、落叶松毒蛾（彩图13），分布于河南、山东、河北、山西、辽宁等地。

幼虫食性甚杂，除危害板栗外，还食害柳、杨、榛、栎、梨、李、苹果、山楂、落叶松等多种树木的叶。在河南确山、新县、固始等板栗产区发生中等程度的危害。

成虫具有明显的两性型。雌虫粗壮多毛，灰褐色，翅退化，仅具浅色翅芽，体长10～20毫米；雄蛾翅展25～30毫米，触角羽毛状，前翅棕色或锈褐色，有两条暗色横线，在内缘靠臀角处有一肾形白斑，后翅红褐色。卵球形，淡褐色，上面略平，中央有一圆形棕色凹陷，直径约0.9毫米。幼虫老熟幼虫体长29～36毫米，黑灰色，具明显的淡青色和淡红色毛瘤，第一体节上的两个侧缨和11节上的尾缨特别发达，第四节至第七节各有一束排列整齐的毛缨，形似毛刷。雄蛹长10～12毫米，锥形；雌蛹长15～21毫米，纺锤形，黑褐色，具灰白色绒毛，茧薄，灰黄色，卵圆形。

在大兴安岭林区，1年1代，以卵越冬，6月中旬，越冬卵孵化为幼虫。幼虫共5～6龄。幼龄幼虫群集食害叶片的上表皮和叶肉，并能吐丝悬垂借风力扩散。中、老龄幼虫分散危害，多在夜间取食，可将叶片吃光，8月上旬老熟幼虫在枝条上、粗枝分叉处或树皮缝隙中结茧化蛹，8月中下旬成虫羽化并交尾产卵。雌蛾固翅退化、腹部肥大，羽化后即伏在空茧上交尾产卵，一头雌虫平均可产卵340余粒。

防治方法

●消灭越冬幼虫。板栗幼林，冬、春季节应及时收集、消灭带有越冬卵的虫茧。

●利用天敌。已知寄生天敌有50余种，应注意保护和利用，也可人工释放黑卵蜂进行生物防治。

●喷药防治。在幼虫幼龄阶段喷洒25%灭幼脲胶悬剂1 000倍液，或50%西维因可湿性粉剂200～600倍液，2.5%溴氰菊酯乳油3 000倍液。

31. 如何识别与防治黄刺蛾？

识别特征 黄刺蛾又名洋辣子、八角、刺毛虫等（彩图14），分布很广，全国各地几乎都有发生，是杂食性害虫。幼虫除取食板栗叶片外，还危害枣、苹果、梨、桃、乌桕、油桐、茶、杨、榆、二球悬铃木、柳、枫杨、刺槐、柿、李等各种树木达120种以上，是林木、经济林及果树的重要害虫。

成虫体长13～16毫米，翅展30～34毫米，全体基本为黄色，前翅内半部黄色，外半部为褐色，有两条暗褐色斜线，在翅尖上汇合于一点，呈倒“V”字形，内面一条伸到中室下角，为黄色和褐色的分界线。卵扁椭圆形，黄白色，长1.4毫米，宽约0.9毫米。幼虫体长25毫米左右，黄绿色，体背有一大型前后宽、中间细的紫褐色斑，并有许多突起枝刺，具毒，皮肤触及后引起剧烈疼痛和奇痒。蛹椭圆形，长约12毫米，黄褐色。茧灰白色，长11.5～14.5毫米，质地坚硬，表面光滑，茧壳上有几道褐色长短不一的纵纹，形似雀蛋。

在东北、山东及河北北部，1年发生1代，长江流域、河南、陕西及河北南部，1年发生2代，以老熟幼虫在树枝上、分叉处或树干粗皮上结茧越冬，在1年发生1代地区，翌年5～6月化蛹，成虫于6月中旬出现，夜间活动，有趋光性，产卵于叶背，散产或数粒、数十粒连产一片，每只雌蛾产卵量为49～67粒，成虫寿命4～7天，卵期7～10天，幼虫于7月中旬至8月下旬发生，初孵幼虫取食卵壳，然后群集叶背啃食下表皮及叶肉，呈圆形透明孔状，长大后分散危害，常将叶片吃光，仅残留叶柄。1年发生2代者，越冬代成虫于5月下旬至6月上旬开始出现，第一代幼虫危害盛期在7月上旬，第二代幼虫危害盛期在8月上中旬，至8月下旬幼虫老熟，在树上结茧越冬。

防治防法

●剪除虫茧。冬季结合清栗园修剪，剪除虫茧。

●喷药防治。幼虫孵化盛期喷洒90%敌百虫晶体1 500～2 000倍液，或50%敌敌畏乳剂1 000倍液，均有良好的防治效果。

●保护天敌。茧期天敌有上海青蜂、黑小蜂及一种姬蜂，成虫期天敌有螳螂，幼虫期有病菌感染。上海青蜂的寄生率很高，防治效果显著。江苏清江市曾采用人工采摘越冬茧，并将上海青蜂寄生茧挑选出来，保存在树荫处铁纱笼中，待青蜂羽化时，释放回田间，结果黄刺蛾越冬茧的寄生率逐年提高，第一年的寄生率为26%，第二年为64%，第三年高达96%，收到良好的防治效果。

32. 如何识别与防治铜绿金龟子？

识别特征 铜绿金龟子又名铜绿丽金龟子（彩图15），发生普遍，在吉林、辽宁、河北、河南、山东、山西、陕西、湖北、湖南、江西、安徽、江苏、浙江、四川等地均有分布。河南确山、新县、罗山、光山、固始等板栗产区都受到不同程度的危害。成虫杂食性，危害苗木、幼树尤其严重。幼虫系苗圃地下害虫。

成虫椭圆形，体长17～21毫米，体宽9～10毫米，体背面铜绿色，有金属光泽，腹面黄褐色，前胸背板两侧具黄褐色边缘，两翅鞘各有3条纵隆线。卵椭圆形，长约2毫米，初为乳白色，后渐变淡黄色。老熟幼虫体长30～33毫米；头黄褐色，胴部乳白色，肛门“一”字形，其前方中央有两排针状刚毛，各为11～20根，多数为15～18根，两刚毛列刺尖大部彼此相遇和相交，毛列的后端稍许岔开。蛹长约18毫米，裸蛹，长椭圆形，淡黄色，后变为黄褐色。

1年发生1代，以3龄幼虫在土内越冬。翌年5月化蛹，成虫6～7月出现，危害盛期在6月中旬至7月中旬，成虫多在傍晚6点飞出，进行交尾活动，晚上8点以后开始危害，直到凌晨三四点时飞离寄主，到土中潜伏。成虫喜在疏松、潮湿的土壤里7厘米左右深处潜伏。成虫趋光性强，在暖和无风的夜晚，以6点半至9点半诱虫最多，10点以后较少。成虫有假死性，平均寿命28天左右。成虫于6月中旬开始产卵，产卵于6～16厘米深的土中，每头雌虫平均产卵29.5粒，在14～26厘米深的土层中化蛹。

防治方法

●黑光灯诱杀。利用该虫的趋光性，傍晚用黑光灯诱杀或灯火诱杀。

●人工捕杀。幼林和苗圃可在黄昏和清晨，利用其假死性，组织人力，捕捉成虫。

●药剂防治。在成虫危害期，喷洒90%敌百虫晶体1 000倍液，40%氧乐果乳油1 000倍液或50%辛硫磷乳油2 000倍液毒杀，3倍石灰的波尔多液进行防治效果也很好。

33. 如何识别与防治白星金龟子？

识别特征 白星金龟子又名白纹铜色金龟子、白星花潜，广泛分布于我国南北各地（彩图16）。危害板栗、榆、栎类、苹果、梨、桃、李、杏、葡萄、樱桃、柑橘等多种林木和果树。成虫危害嫩芽和叶，大量发生时，可将树叶吃光。

成虫体长18～24毫米，体宽10～14毫米，椭圆形，背部扁平，全体铜绿色，具光泽。头部矩形，前缘稍凹，两边向前弯，前胸背板似钟形，有白纹斑数枚，中胸背板向外突出。翅鞘上有白色斑点或由斑点所组成的条纹，腹部末端露于翅鞘外，并有白色斑点，腹部腹面各节前缘两侧方，有1条白斑组成的条纹。卵圆形或椭圆形，乳白色，长1.7～2毫米。老熟幼虫体长24～39毫米，体肥胖而多皱纹，弯曲呈“C”字形，头部褐色，胴部乳白色，腹末节膨大，肛腹片上的刺毛呈倒“U”字形两纵行排列，每行刺毛19～22根。蛹体长20～23毫米，裸蛹，卵圆形，黄白色，蛹外包以土室，土室长36～30毫米，椭圆形。

1年发生1代，以幼虫在土中越冬，翌年5月化蛹，5月下旬至9月中旬成虫出现，6～7月为发生盛期。成虫有假死性，对苹果醋酸的趋性很强，7月产卵于土中。幼虫孵化后在土内取食幼根和腐殖质，土壤水分过高时，常逸出地面。幼虫老熟后，吐黏液混合沙和土结成土室，并在其中化蛹。土室深16～23厘米，对白星金龟子有保护作用，土室受到破坏以后，幼虫不能化蛹，成虫不能羽化，并易被天敌捕食。

防治方法

●诱杀。利用成虫的趋化性，采用果醋诱杀。南方可采用竹筒诱集，即用普通毛竹，锯成长40～50厘米的竹筒，底端有节，将腐熟的果实2～3个，加少许糖蜜，置于筒底，每隔1～2株树，悬挂1个竹筒，筒口与枝干相贴，成虫即因筒内诱饵循筒壁爬入，入后不能再出，于下午3～4点后收集杀死。

●捕杀。幼林和苗圃可在黄昏和清晨，利用其假死性，组织人力，捕捉成虫。

●药杀。在成虫危害期，喷洒90%敌百虫晶体1 000倍液，40%氧乐果乳油1 000倍液，或50%辛硫磷乳油2 000倍液，3倍石灰的波尔多液进行防治。

34. 如何识别与防治栗大蚕蛾？

识别特征 栗大蚕蛾又名银杏大蚕蛾、核桃楸大蚕蛾、日本大蚕蛾等（彩图17），分布于广西、河南、东北等地。幼虫危害银杏、栗、苹果、梨、柿、核桃、核桃楸、杨、樱桃等树种，能将树叶吃光，严重影响栗树生长和结实。

成虫深褐色或红褐色，翅展105～135毫米，前翅自翅顶至后缘有棕褐色波状纹2条，前翅中央有银灰色斜纹，斜纹外缘有半月形斑纹1个，后翅近外缘有波状线3条，中央有黑色圆形眼状斑1个。卵圆形，淡绿色。幼虫幼龄时黑色，渐变为灰草绿色；老熟幼虫体长100毫米，银灰色，密生白色长毛，并间杂有黑色毛，腹面褐色或黑色，中间有一条白带。蛹暗褐色，茧长椭圆形，50毫米，网状，黑褐色。

1年1代，以卵越冬。在河南一带，幼虫4～5月孵化，蚕食叶片，6～7月老熟幼虫吐丝缀叶结茧化蛹越夏，化蛹场所多以枝条叶丛、树冠下杂草、灌木上为常见。成虫9月出现，产卵于枝干下方或分叉处的下侧，卵块状，每雌蛾产卵300余粒。成虫有趋光性。

防治方法

●人工防治。刮卵块、捕捉幼虫及采摘蛹茧。

●生物防治。保护和利用寄生天敌。

●化学防治。喷洒50%敌敌畏乳油600～1 000倍液，防治低龄幼虫效果良好。

35. 如何识别与防治栗黄枯叶蛾？

识别特征 栗黄枯叶蛾又名栎黄枯叶蛾、蓖麻黄枯叶蛾，分布于陕西、河南、江苏、江西、浙江、四川、云南、福建及台湾等地。幼虫（彩图18）食性杂，严重时能将大面积的栗园树叶吃光。

雌蛾体长25～35毫米，翅展70～95毫米；雄蛾体长22～27毫米，翅展 54 ～ 62 毫米。全体绿色、黄绿色或橙黄色，前翅内横线、外横线、亚外缘线和中室斑纹黄褐色，中室斑纹较大，由中室至内缘为一大型黄褐色斑纹，后翅中部有两条明显的黄褐色横线纹，前后翅缘毛褐色，腹部末端密生黄褐色肛毛。卵长 0.3 ～ 0.35 毫米，椭圆形，灰白色，排列整齐，成两列，具灰白色细毛、黄褐色片状毛及黑色鳞毛。幼虫体长 65 ～ 84 毫米，深黄色或灰白色，体背各节有两个黑色毛束，两侧各有一斜行黑纹，背面状如“八”字，其下方有黄色或灰白色长毛列。蛹长 28 ～ 32 毫米，赤褐色或黑褐色，茧黄色或灰黄色，表面有稀疏短毛，状如双驼峰。

1 年 1 代，以卵越冬，第二年 4 月上中旬孵化，幼虫期 80 ～ 90 天。初龄幼虫群集叶背取食，如遇惊扰，即吐丝下垂，随风传布，2 龄后分散取食，7 月中旬幼虫老熟，常在灌木上结茧化蛹，蛹期约 20 天。成虫于 8 月中下旬出现，白天静伏不动，晚上飞行、交配和产卵，有趋光性。每只雌蛾可产卵 200 ～ 300 粒，卵期约 250 天。

防治方法

●剪除卵块。幼虫乳化前，结合修剪剪除枝条上越冬卵或刮除树上的卵，集中烧毁。

●药物防治。在 4 月底 5 月初喷撒 2.5%敌百虫粉剂或喷洒 90%敌百虫晶体 1 000 倍液，或 50%敌敌畏乳油 500 ～ 1 000 倍液，防治 4 龄以前幼虫，效果良好。

●生物防治。应用松毛虫杆菌防治幼虫。

●灯火诱杀。8 月底 9 月初灯火诱杀成虫。

36. 如何识别与防治重阳木斑蛾？

识别特征　重阳木斑蛾又叫重阳木星毛虫，分布于华中、西南和河南南部，危害重阳木和板栗。

幼虫食叶危害，被害严重的苗木和幼树，能引起全株死亡，大树虽然不致枯死，但生长受到很大影响。

成虫体长 17 ～ 24 毫米，翅展 55 ～ 65 毫米，头小，红色，触角黑色。前后翅都很长，黑色，中胸背板黑褐色，后缘有红色斑点 2 个，足灰黄色，腹部红色，每体节具蓝黑斑点 5 个，背面 1 个，两侧面各 2 个。卵椭圆形，淡黄色，长 0.7 ～ 0.8 毫米。幼虫体肥扁，老熟幼虫体长 30 毫米左右，头小，黑褐色，常缩于前胸内，胴部背面红棕色，腹面黄色，背面与侧面有突出的毛疣 6 行，腹部第一节无毛疣，第二至三节各有毛疣 10 个，最后一节 4 个，其余各节平均有 6 个，每疣上着生刚毛 5 根，褐色，体背被细小短毛。蛹长 11 ～ 14 毫米，宽 5 毫米，赤褐色，裸蛹。

在湖北武昌 1 年发生 4 代，以老熟幼虫在茧内越冬。成虫喜在阳光下的树冠上飞舞。卵多产于小枝上，或树缝中、小枝分叉处，常 2 ～ 3 粒黏结在一起。初孵幼虫啃食嫩叶肉，留下叶脉，3 龄以后能将叶片吃光而仅留中脉，以老龄幼虫食害最凶。树叶吃光后，爬下或吐丝下垂迁移，发生多时，常一树垂下千丝万缕状。幼虫分泌物带臭味，幼虫老熟后，在树上卷叶做薄茧化蛹。越冬代幼虫多在树洞、岩石下等避风雪处越冬。

防治方法

●人工防治。在冬季至早春，成虫羽化前堵树洞，刮树皮，清除枯枝落叶，消灭越冬幼虫。

●药剂防治。在第一代幼虫孵化盛期，喷洒 2.5%溴氰菊酯乳油或 20%氰戊菊酯乳油 2 500 ～ 3 000 倍液，50%杀螟松乳油 1 000 倍液，50% 辛硫磷乳油 2 000 倍液，均可收到较好防治效果。

37. 如何识别与防治水青蛾？

识别特征 水青蛾又名绿色大蚕蛾、绿翅大蚕蛾、燕尾水青蛾、绿尾大蚕蛾，分布于河北、北京、山东、山西、河南、陕西、浙江等地。幼虫（彩图 19）蚕食叶片，严重时将叶片吃光。

成虫体长 30 ～ 40 毫米，翅展 90 ～ 150 毫米，有浓密的白色绒毛，翅粉绿色，前后翅中央各有 1 眼状斑纹，前翅前缘有白、紫、黑三色缘带，后翅臀角呈长尾状，长约 4 厘米。卵扁圆形，初产绿色后变褐色，直径约 2 毫米。幼虫体长 90 ～ 105 毫米，黄绿色，气门上线为红色和黄色两条。体上各节有突起，橙黄色，第二至三节背上 4 个与第十一节上 1 个特大，瘤突上具褐色与白色长毛，无毒。蛹长 40 ～ 50 毫米，赤褐色，额区有一块浅色斑，外有灰褐色厚茧。

1 年发生 2 代，少数地区 3 代。以蛹越冬，第二年 4 月下旬至 5 月上旬成虫羽化，有趋光性。卵散产或成块产在叶上，每雌蛾产卵 200 ～ 300 粒。第一代幼虫 5 月中旬到 7 月危害，6 月底到 7 月老熟幼虫结茧化蛹，并羽化为第一代成虫。7 ～ 9 月为第三代幼虫危害期，9 月底幼虫开始老熟，爬到树枝及枯草内结茧化蛹越冬。初龄幼虫群集危害，3 龄后分散取食，幼虫蚕食叶片，仅留叶柄，吃完一个叶片再吃另一叶片，把一个枝上的叶片吃光再转他枝危害。

防治方法

●人工捕杀。幼虫体大，无毒毛，粪粒大，容易发现，可组织人工捕捉。冬季落叶后采摘挂在树上的越冬茧，并可缫丝利用。

●化学防治。在各代幼龄幼虫期，可喷洒 90％敌百虫晶体 800 倍液或 20％氰戊菊酯乳油 2 500 ～ 3 000 倍液。

38. 如何识别与防治云斑天牛?

识别特征 云斑天牛又名白条天牛、核桃大天牛（彩图 20），分布很广，陕西、河北、河南、山东、湖北、湖南、安徽、江苏、江西、浙江、四川、云南、福建、广东、广西及台湾等地均有发生。成虫啃食新枝嫩皮，致使枝条枯死，幼虫钻入木质部蛀食，造成树势衰弱，果品质量下降，严重时树干被蛀空全株死亡，幼树常被风吹折。

成虫体长 32 ～ 65 毫米，黑色或黑褐色，密被灰色绒毛，头中央有一纵沟，前胸背板具肾形白斑一对，两侧各有一刺突，翅鞘上有 2 ～ 3 行白色绒毛组成的白斑，白斑因个体不同变化很大，有的翅前端有许多小圆斑，有的斑点扩大，呈云片状，翅基有许多明显的颗粒状突起，头、胸、腹两侧各有一条白带。卵长 8 毫米，长椭圆形，略扁弯，淡黄色，卵面坚硬光滑。幼虫体长 70 ～ 80 毫米，乳白色或淡黄色，前胸背板上有一“山”字形褐斑，褐斑前方近中线处有两个黄色小点，点上各生刚毛 1 根。蛹长 40 ～ 70 毫米，乳白色至淡黄色。

2 年发生 1 代，以成虫和幼虫在树干上越冬。陕西、河南等地，成虫于 5 月下旬开始钻出，取食树叶、嫩枝，食害 30 ～ 40 天，开始交配、产卵，成虫昼夜均能飞翔活动，但以夜晚活动最多。成虫寿命最长可达 3 个月，卵多产在距地面 2 米以内的树干上，产卵时先在树皮上咬成圆形或椭圆形产卵槽，然后在槽中产卵 1 粒。一株树最多时可产卵 10 余粒，每雌虫产卵量 20 粒左右，卵经 9～15 天孵化。幼虫孵化后，先在皮层下蛀成三角形蛀孔，从蛀入孔排出大量的粪屑，树皮逐渐外胀纵裂，被害状极为明显。幼虫在边材危害一个时期，随后蛀入心材，在虫道内过冬，第二年 8 月在虫道顶端做蛹室化蛹，9 月羽化为成虫，在树干内过冬，第三年 5 月咬一圆孔钻出树干。

防治方法

●捕杀。5～6 月成虫发生期，人工捕杀成虫。

●杀卵。云斑天牛产卵部位较低，产卵痕明显，用锤敲击可杀死卵和小幼虫。

●药剂防治。①涂白。秋、冬季至成虫产卵前，用石灰 5 千克、硫黄粉 0.5 千克、食盐 0.25 千克、水 20 千克充分混匀后涂于树干基部（2 米以内），（若没有硫黄粉，可用敌杀死、多菌灵等杀虫杀菌剂代替），防止产卵，做到有虫治虫，无虫防病。同时，还可以起到防寒、防日灼的效果。②虫孔注药。幼虫危害期（6～8 月），用小型喷雾器从虫道注入 80% 敌敌畏或 40% 氧乐果乳油或 10% 吡虫啉可湿性粉剂或 16% 虫线清乳油 100～300 倍液 5～10 毫升，也可浸药棉塞孔，然后用黏泥或塑料袋堵住虫孔。③毒签熏杀。幼虫危害期，从虫道插入天牛净毒签，3～7 天后，幼虫死亡率在 98% 以上。毒签有效期长，使用安全、方便，节省投入。④喷药防治。成虫发生期，对集中连片危害的林木，向树干喷洒 90% 敌百虫晶体 1 000 倍液或绿色威雷 100～300 倍液杀灭成虫。

保护天敌 招引和保护啄木鸟。

39. 如何识别与防治栗透翅蛾？

识别特征 栗透翅蛾又名赤腰透翅蛾，俗称串皮虫（彩图 21）。近年来，在山东泰山、蒙安、费县、临沭、招远等地栗园普遍发生。以幼虫串食枝干韧皮层，尤以主干下部受害最重，常导致树势衰弱，甚至整株死亡。据山东部分栗园调查，干径 20 厘米以上的栗树受害株高达 33.8%。该虫只危害板栗，是目前值得注意的危险性害虫。

成虫体长 15～21 毫米，翅展 37～42 毫米，形似黄蜂。触角两端尖细，基半部橘黄色，端半部赤褐色，顶端有 1 毛束。头部、下唇须、中胸背板及腹部 1、4、5 节皆具橘黄色带，2、3 腹节赤褐色，腹部有橘黄色环带。翅透明，翅脉及缘毛茶褐色。足侧面黄褐色，中，后足胫节具黑褐色长毛。卵长约 0.9

毫米，淡红褐色，扁卵圆形，一头较齐。幼虫老熟幼虫体长 40 ～ 42 毫米，污白色，头部褐色，前胸背板淡褐色，具一褐色倒“八”字纹。蛹长 14 ～ 18 毫米，黄褐色，体细长，两端略下弯。

1年发生1代，极少数两年完成1代。以2龄幼虫或少数3龄以上幼虫在枝干老皮缝内越冬，3月中下旬日平均气温达3～5℃时幼虫开始活动，7月中旬末开始化蛹，8月上中旬为化蛹盛期。幼虫化蛹前停止取食，先向树干外皮咬一直径56毫米的圆形羽化孔，然后在羽化孔下部吐丝连缀木屑和粪便结一长椭圆形厚茧化蛹。处于向阳面的幼虫较背阴面提早15天左右化蛹，树干下部的幼虫较上部提前15～20天化蛹。成虫羽化时，顶开羽化孔，蛹壳外露1/2～2/3。成虫多在白天羽化，白天活动，有趋光性，寿命3～5天。8月中旬成虫开始产卵，8月底至9月中旬为产卵盛期，雌虫白天产卵，以上午10点左右产卵最多。卵散产于主干的粗皮缝、翘皮下，少数产在树皮表面，一头雌虫一般产卵300～400粒。8月下旬卵开始孵化，9月中下旬为孵化盛期，10月上旬幼虫开始越冬。

防治方法

●煤油敌敌畏溶液涂干。1 500克煤油加80％敌敌畏乳剂50克，混合均匀后即可使用。

●树干涂白。在成虫产卵前(8月前)树干涂白，可以阻止成虫产卵，对控制危害有一定效果。

●加强管理。凡管理粗放、杂草丛生的栗园，危害严重，因此，应加强管理，适时中耕除草，及时防治病虫，避免损伤树体，增加树势，可减少该虫危害。

●药物防治。成虫产卵和幼虫孵化期往树干上喷药，常用药剂有50％辛硫磷乳油、50％马拉硫磷乳油、50％杀螟松乳油等，均使用1 000倍液。

40. 如何识别与防治栎干木蠹蛾?

识别特征　栎干木蠹蛾（彩图 22）分布于华东、河南、江西等地，危害板栗、麻栎、青冈、杨、梨、苹果、槭、榔榆、白蜡、黄杨及山茶等阔叶树。幼虫蛀食树干，使树势减弱，严重时造成死亡。

成虫翅展 45 ～ 65 毫米，头胸及翅为灰白色，腹部黑色，翅上布满椭圆形黑斑数十个，后翅上的黑斑稍小，胸背有纵向排列的5个小黑点。卵椭圆形，淡黄色，长约1毫米。老熟幼虫体长50～60毫米，头部黑褐色，前胸硬皮背板黄褐色，胴部淡黄色，各节有小黑点数个，上生1根短毛。蛹长22～28毫米，淡褐色，稍向腹面弯曲，尾节下方有小突起。

每2年发生1代，成虫6～7月出现，于老树或壮年树干上产卵，幼虫孵化后蛀入皮层，随后蛀入木质部危害。该虫多自根际处蛀入，侵害地下木质部。在枝干上多蛀食纵隧道，隧道圆形，直径约10毫米，但软材树中的虫道形状不规则，虫道与外部圆孔相通，由此排出粪便。越冬幼虫于第二年5月在虫道内吐丝缀碎屑虫粪做茧化蛹，成虫羽化后，蛹壳大半露出羽化孔外。

防治方法

●喷药防治。在卵及孵化期，向树干喷洒40%氧乐果乳油1 000倍液，或50%辛硫磷乳油400～500倍液，每隔15～20天喷一次，毒杀初孵幼虫，或以40%乐果柴油液（混合比例为1∶1）涂抹蛀入孔，以杀死初侵入的幼虫。

●注药防治。幼虫侵入较深时，用80%敌敌畏乳油30倍液，40%氧乐果乳油60倍液，或80%敌百虫可溶性粉剂30倍液，注入虫孔，外敷黄泥，均有良好的杀虫效果。

41. 如何识别与防治栗瘿蜂？

识别特征　栗瘿蜂又名栗瘤蜂（彩图23），主要危害板栗，也危害锥栗及茅栗，分布很广，河北、河南、山东、陕西、江苏、浙江、湖北、湖南、四川、云南等地均有发生，不少板栗产区猖獗成灾。

由寄主芽侵入，被害芽春季长成瘤状虫瘿，瘿瘤呈圆形或不规则的椭圆形，坚硬，樱红色，间带黄绿色。在瘿瘤形成过程中消耗树木大量养分，使叶片畸形，小枝枯死。由于不能抽生新梢，不仅当年无果实，而且还影响第二年的产量。

成虫体长2.5～3.5毫米，黑褐色，具金属光泽；触角丝状、14节，柄节、梗节为黄褐色，鞭节褐色，前胸背板有4条纵线，小盾板钝三角形，向上突起；翅透明，翅展2.4毫米，翅面有细毛，足黄褐色，跗节末节及爪深褐色。卵椭圆形，乳白色，表面光滑，一端具细柄，卵长0.1～0.2毫米，柄长0.6毫米，末端略膨大。幼虫乳白色，近老熟时为黄白色，体肥胖无足，尾部钝圆，头部略尖，口器先端淡褐色，老熟幼虫体长 2 ～ 3 毫米。蛹长 2.5 ～ 3.0 毫米，初呈乳白色，渐变黄褐色，羽化前变为黑褐色，复眼红色。

栗瘿蜂每年发生 1 代，以初龄幼虫在芽组织形成的小虫室内越冬，第二年 4 月上旬栗芽萌发时，幼虫开始活动取食。新梢长到 2 厘米左右出现小虫瘿，幼虫在虫瘿内危害，5 月开始化蛹，可持续到 7 月上旬，6 月上旬成虫开始羽化，持续期 1 个月，6 月中旬开始产卵，直至 9 月下旬。成虫在瘿内羽化后需停留 10 ～ 15 天开始咬孔外出。飞翔能力不强，无趋光性，不摄食补充营养，寿命较短，一般为 3 ～ 5 天，孤雌生殖。卵产于当年生枝条上部的新芽内，每芽最多有卵 15 粒，一般 2 ～ 3 粒，每个雌虫可产卵 200 粒左右。幼虫孵化后在芽的花、叶组织进行短期取食，随后形成小虫瘿，每个瘿内有幼虫 1 ～ 3 头，但一虫一室，隔离寄居，9 月下旬开始越冬。

一般向阳、地势低洼、背风和长势较差的老栗园受害重，幼树和壮树发生轻。成虫出瘤期如遇多雨，可造成大量成虫死亡，不利于栗瘿蜂的发生。风对成虫的传布有一定影响，往往随着羽化期的风向而顺风扩散。寄生性天敌对虫口数量有一定的抑制作用，已发现寄生蜂 7 种，以跳小蜂的数量较多，对栗瘿蜂幼虫的寄生率最高可达 70%。跳小蜂每年发生 1 代，以老熟幼虫和蛹在枯瘿内越冬，翌年 3 月下旬至 4 月上旬成虫陆续羽化，适在板栗瘿瘤形成时期，即产卵于瘿内栗瘿蜂幼虫体上，6 月瘿瘤枯萎后，跳小蜂以老熟幼虫在瘿瘤内越冬。跳小蜂幼虫和蛹的形态与栗瘿蜂有些相像，其主要区别在于跳小蜂幼虫和蛹体较细瘦，面且色泽较深，幼虫为黄白色，性较活泼，蛹为黑色，并带绿色金属光泽。

防治方法

●人工防治。成虫羽化前结合修剪，清除有瘿瘤的枝条，减少危害。对被害重的衰老栗树实行强度修剪，除枝条基部着生休眠芽的部分外，其余全部剪除，也可截去大枝，待萌发新枝，实行上述措施后，两年即可恢复结果，并能较彻底地清除虫患，但应注意对栗园周围被害茅栗也要采取相应的防治措施。

●生物防治。早春大量采集瘿瘤，装于纱笼内，挂在栗瘿蜂危害严重的栗园中。由于瘿瘤剪下后栗瘿蜂成虫不能正常羽化，但寄生蜂仍能羽化，从而提高天敌寄生率。

●化学防治。在栗瘿蜂成虫出瘤活动盛期（约在 6 月中至 7 上旬，各地应做好虫情测报），向树冠喷洒80%敌敌畏乳油2 000倍液或40%氧乐果乳油1 500～2 000倍液或50%辛硫磷乳油1 500倍液。树冠茂密的栗林，于成虫盛发期也可用杀虫烟剂熏杀。

在春季幼虫开始活动时，用40%氧乐果乳油5～7倍液涂树干，每棵树用药20毫升，涂药后包扎，利用药剂的内吸作用，杀死栗瘿蜂幼虫。

42. 如何识别与防治栗大蚜？

识别特征 栗大蚜又名栗大黑蚜（彩图24），栎大蚜。分布于江苏、浙江、四川、河北、河南、山东、辽宁等地，危害板栗、麻栎、柳等树种。以成虫若虫群集于新梢、嫩枝及叶背面刺吸汁液危害，影响新梢生长和栗实的成熟。

成虫无翅胎生雌蚜，体长约5毫米，黑色并有光泽，足细长，腹部肥大，腹管短小，尾片短小呈半圆形，上生有短刚毛。有翅胎生雌蚜，体长4毫米，翅展约13毫米，体黑色，腹部色淡，翅脉黑色。卵椭圆形，黑色，有光泽，长约1.5毫米。若虫体形同成蚜，但体色较淡，腹管痕迹明显。

1年发生多代，以卵在枝干背阴面越冬，常数百粒单层密集排列于一处，来年4月上旬开始孵化为无翅雌蚜，群集危害枝梢，继续进行孤雌生殖，至5月间产生有翅胎生雌蚜，迁移至叶上，并群集于枝梢、花等处危害，至晚秋产生无翅卵生雌蚜及有翅雄蚜，交尾产卵，以卵越冬。

防治方法

●人工防治。冬春季节刮除树皮或刷除越冬卵，特别是树皮缝、翘皮下的越冬卵块。

●药剂防治。药剂防治在板栗展叶前越冬卵已孵化后，选喷10%吡虫啉可湿性粉剂2 000倍液，80%敌敌畏乳油1 000～1 500倍液，2.5%溴氰菊酯乳油或20%杀灭菊酯乳油4 000～5 000倍液等。幼树可用40%氧乐果乳油5倍液涂干，再用塑料薄膜包扎，效果良好，又不致杀伤天敌。

43. 如何识别与防治栗花翅蚜？

识别特征 栗花翅蚜又名栗角斑蚜、花翅蚜（彩图25），河南、山东、河北、江苏、辽宁等地均有发生。

花翅蚜秋季繁殖非常快，尤其在板栗苗圃内，因其猖獗，诱发叶面霉病，而致落叶。天气较为干旱年份，河南板栗产区普遍发生，薄山林场栗园每叶片虫口密度多者可达几十头乃至数百头，致使叶片发黄，树势衰弱，对板栗的产量和质量有很大影响。

成虫有翅胎生雌蚜，体长约 1.5 毫米，淡赤褐色，腹部背面中央及两侧具有黑纹，头、胸部着生白色棉絮状物，翅透明，沿翅脉为浅黑色，故名花翅蚜。无翅胎生雌蚜，体长 1.4 毫米，暗绿色，胸、腹背面中央及两侧有黑色斑点。卵长约 0.4 毫米，椭圆形，黑绿色。若虫头胸部棕褐色，腹面紫褐色。

1 年发生多代，以卵在枝杈上越冬。第二年春暖树芽萌动时孵化。成虫、若虫危害嫩枝、芽和叶，并排泄黏液污染叶面，引起霉病变黑。干旱年发生较重，常造成早期落叶。6 月、9 月危害最盛，雨季较轻。10 月底有性蚜在枝梢上产卵过冬。

防治方法　同栗大蚜。

44. 如何识别与防治板栗红蜘蛛？

识别特征　栗红蜘蛛又名板栗叶螨（彩图 26），分布于山东、河南、河北等板栗产区。

以成虫、若虫危害叶面，危害时先在叶片主脉两侧，然后向其他部位扩散，在叶片上形成大小不等的群落。被害处出现灰白色失绿斑痕，严重时引起早期落叶，影响树势和产量。

成虫雌成虫卵圆形，红色或暗红色，体长 0.4 ～ 0.7 毫米，背部隆起，肩部较宽，腹末圆钝。雄成虫初为淡黄绿色，后变绿色，体长 0.4 毫米左右，体躯由第三对足起，向后方逐渐细而腹末尖。卵越冬卵扁圆形，后期变暗红色。夏卵乳黄色，卵顶有丝柄，稍弯曲，并有细丝和卵面相连。若虫初为乳白色，后变淡黄绿色，圆形。

1 年发生 5 ～ 9 代，以卵在 1 ～ 4 年生枝条上越冬，尤以 1 年生枝上芽周围及粗皮、缝隙、分叉处最多。越冬卵自然死亡率为 50%左右。第一代发生在 4 月下旬至 6 月上旬，第二代 5 月中旬至 7 月上旬，第三代 6 月上旬至 8 月上旬，第四代7月中旬至9月下旬，以后各代分别在7月，8月、9月。从第二代开始发生世代重叠。全年危害盛期在6～7月，特别是干旱年份。

成虫、若虫多在叶背面栖息活动，吐丝结网危害。卵集中产在叶脉两侧及叶片凹陷处，卵期8～9天。每雌虫平均产卵50粒左右，雌虫寿命约15天左右，雄虫寿命1.5～2天。一般天气干旱，气温高，繁殖较快，易于大发生，大雨和暴雨对成虫、若虫起机械冲刷作用，可使虫口密度大幅度下降。

防治方法

●药剂涂干。于5月上旬，在树干离地面30厘米处，刮去粗皮约20厘米宽的环带，涂以40%氧乐果乳油10倍液，或50%马拉硫磷乳油20倍液，然后用塑料布包扎好，以防药剂损失，过10天后再涂一次，杀虫效果可维持30天左右。以氧乐果原液涂干两次，效果最好。

●喷药防治。5月上中旬开始，喷布两次40%氧乐果乳油2 000倍液，或80%敌敌畏乳油2 000倍液，或0.2波美度石硫合剂与73%克螨特乳油800倍液混合液

45. 如何识别与防治栗绛蚧?

识别特征　栗绛蚧又名栗球坚蚧（彩图27）。分布在我国及日本。在国内，长江下游发生极多，太湖沿岸各县个别地区，因受该虫危害，引起板栗树大量死亡。

被害树一枝条上蚧多者可达几十个，而在枝杈处或芽附近常4～8个集生一处。河南南部确山、新县等地栗林常有发生。以若虫和雌成虫群集在枝条上刺吸汁液。被害枝易干枯死亡，导致树体衰弱，生长结实不良，栗实减产。

成虫雌雄异型，雌蚧球形，直径约5.0～6.8毫米，初期为嫩绿色至黄绿色，体壁软而脆，腹末有一个小水珠，称为“吊珠”。随着虫体的长大，体色加深，体背隆起，体表光滑，其上有黑褐色不规则的圆形或椭圆形斑，每斑中央有一个凹陷的小刻点，腿部末端有一个大而明显的圆形黑斑。雄成虫有一对翅，体长约1.49毫米，翅展约3.09毫米，棕褐色。单眼3对，在头顶排成倒“八”字形。卵长椭圆形，长约0.2毫米，初期乳白色或无色透明，孵化前变为紫红色。初孵若虫长椭圆形，体长0.3毫米，淡黄色，触角丝状，尾毛一对，

两尾间有4根臀刺。1龄若虫体呈黄棕色。2龄若虫体呈椭圆形，体长0.54毫米，肉红色，体背常黏附有1龄若虫的虫蜕。仅雄虫有蛹。离蛹，长椭圆形，黄褐色。茧扁椭圆形，长约1.65毫米，白色丝质。

每年发生1代，以雌虫在枝干上越冬，翌年3月上旬当日平均温度达10℃时，越冬若虫开始活动并取食，3月中旬以后雌雄分化，4月上中旬介壳膨大，老熟时硬固。雄成虫4月上旬开始羽化，4月下旬为羽化盛期，雄成虫羽化后即行交尾，寿命约2.5天。交尾后雌虫产卵于介壳内，开始孕卵，5月中旬孵化，5月下旬孵化盛期，初孵若虫从母体爬出介壳，在树上爬行分散，以2～3年生枝条上的虫量最多，经2～3天后，若虫固定下来寄生吸食危害。从6月中旬开始，1龄若虫蜕皮变为2龄，取食一段时间后开始越夏、越冬。

在田间，老栗树受害较重，树冠下部的枝条和徒长枝上的虫口密度比其他部位枝条上大。栗绛蚧的天敌有黑缘红瓢虫、两种寄生蜂（小蜂）和芽枝状芽孢霉菌，这些天敌对栗绛蚧的发生有明显的抑制作用。

防治方法

●人工防治。每年4月，当虫体膨大明显可见时，组织人工刮除枝上雌介壳，用旧抹布或戴上帆布手套捋虫枝，消灭虫体，效果极佳。

●喷药防治。5月中旬若虫孵化时，喷洒2.5%溴氰菊酯乳油3 000倍液、20%杀灭菊酯乳油3 000倍液喷或50%辛硫磷乳油1 000倍液。也可喷洒0.3波美度的石硫合剂。

●涂药防治。用利刀在树干两侧各刮除一块树皮，露出韧皮部，用棉布或卫生纸浸蘸40%氧乐果乳油，贴在刮皮部，外面用塑料膜包扎即可。

46. 如何识别与防治栗叶瘿螨?

识别特征　栗叶瘿螨又叫栗瘿壁虱（彩图28），属蜱螨目瘿螨科。主要危害板栗，分布于我国河北、河南南部等栗产区。

河南的罗山、信阳、新县、光山等板栗产区均有不同程度的危害。叶片被害后，在叶正面出现突起的锥形虫瘿。虫瘿长0.4～1.2厘米，横径0.1～0.2厘米，瘿体稍弯曲，愈近叶面愈细，基部收缩，似瓶颈，表面光滑，前期草绿色。瘿内壁褐色或土褐色，其上着生灰白色海绵状物，后期由黄绿色变为褐色，干枯不脱落。被害叶片上一般有几十个虫瘿，多则上百个不等。同一叶片上，越靠近叶柄部，虫瘿分布越密。

成螨体长 160 ～ 180 微米，宽 30 微米，体表浅黄色或灰白色。卵椭圆形，透明。初孵化幼螨无色透明，后渐变为乳白色。若螨灰白色，半透明。

栗叶瘿螨以雌成螨在栗树 1 ～ 2 年生枝条的芽鳞上越冬，春季栗树展叶期开始危害。瘿体初期很小，6 ～ 7 月瘿体最大，最长可达 1.5 厘米。从栗树展叶至 9 月，不断有新虫瘿长出，螨在瘿内海绵组织内生活，一个瘿内有螨百头。虫瘿后期干枯，螨从叶背孔口爬出，在枝条上寻找越冬场所。

防治方法

●人工防治。栗叶瘿螨生动扩散性较差，一般栗园发生面积不大，因此在发病初期可人工摘除有虫瘿的叶片。

●化学防治。在栗芽萌动或展叶期，喷洒 50% 硫悬浮剂 200 ～ 300 倍液，或 20% 三氯杀螨醇乳油 1 500 倍液，也可喷施 20% 螨死净悬浮剂 3 000 倍液，均可收到较好的防治效果。

47. 如何识别与防治蚱蝉?

识别特征　蚱蝉又名黑蝉（彩图 29），俗称知了，危害板栗、苹果、梨、桃、杏、柳等多种林木及果树，分布于全国各地。

河南的确山、信阳、林县、新县、固始、光山、罗山等板栗产区，均有不同程度的危害。成虫在枝条内产卵，造成枯梢。

成虫黑色，有光泽，体长 44 ～ 48 毫米，翅展 125 毫米，被金色微毛，头部中央及额的上方有红黄色斑纹，中胸背颇大，突起，并具有“X”形隆起。前、后翅透明，翅脉暗黑色或淡黄褐色。雄虫鸣声尖噪，鸣器位于腹部第一、二节。雌虫无鸣器，腹末有明显的产卵器。卵长约 2.5 毫米，细长，一端稍尖，乳白色，有光泽。老龄若虫体长 35 毫米，黄褐色，形状似成虫，仅具翅芽，能爬行。

10 余年完成 1 代。若虫长期生活在土中，每年春暖时移向地面，吸食树根液汁，秋凉后下蛰，老熟时于 6 月陆续出土，爬上树干，不食不动，约数小时后蜕皮羽化为成虫。7 月上旬大量羽化，特别是在雨后出土最多。成虫寿命 60 ～ 70 天，7 月中下旬开始产卵，8 月上旬为产卵盛期。卵产于 1 年生嫩枝内，产卵时先用产卵器把小枝刺成裂口，卵产在斜线形裂口内，数粒连产，一枝上多达 100 余粒。枝梢被刺伤后，失水而枯死，在栗园形成大量枯梢。卵在枝梢内过冬，来年 6 月若虫孵化后落地，钻入土中。

防治方法

●冬季剪除产卵枯梢。冬季结合修剪，再彻底剪除产卵枝，集中烧毁。

●捕捉若虫。成虫羽化前，在树干绑 1 条 2 寸宽的塑料薄膜带，防止若虫上树羽化，傍晚或清晨进行捕捉。

●火光诱杀。夜间在树行点火，摇动枝干，诱集成虫投火烧死。

48. 如何识别与防治大臭蝽？

识别特征 大臭蝽又名大椿象（彩图 30），分布于河南、山东、陕西、安徽、江苏、浙江、福建、广东、广西、四川、贵州、云南等地。危害板栗、马尾松、梨、油桐、梧桐、乌桕、栎类等树木。发生数量多，危害严重，影响树势和产量，甚而引起死亡。

成虫体长 22 ～ 31 毫米，体宽 11 ～ 14 毫米，栗褐色，带有绿色、蓝色或紫色等鲜艳光泽。头小，三角形，触角黑色，末节橘黄色。前盾片前缘及前侧缘为蓝绿色，中部有微细的横皱纹，小盾片为正三角形，横皱更明显。翅膜和后翅淡黄色，半透明，翅脉纵走，基部多分叉。后足发达，腿节基部内侧有 1 个粗长的刺。

该虫 1 年发生 1 代，以成虫越冬，4 ～ 8 月发生危害，成虫和若虫吸食树液，遇惊扰放出刺激性很强的臭气，故有“打屁虫”之称。

防治方法 若虫发生期喷洒敌敌畏或敌百虫 1 500 倍液。

49. 如何识别与防治淡娇异蝽？

识别特征 淡娇异蝽属半翅目异蝽科，主要危害板栗、茅栗，近年来在信阳、新县、罗山等板栗产区成灾。栗树萌芽后若虫刺吸嫩芽、幼叶，被害处最初出现褐色小点，随后变黄，顶芽皱缩、枯萎。展叶后被害叶皱缩变黄，严重时焦枯。受害重的枝梢 7 月间枯死，树冠呈现焦枯，幼树当年死亡。

雄虫体长 8.9 ～ 10.1 毫米，宽 4.26 毫米左右。雌虫体长 10.0 ～ 12.56 毫米，

宽 5.3 毫米，草绿至黄绿色。头、前胸背板侧缘及革片前缘米黄色。触角 5 节，第一节赭色，外侧有一褐色纵纹，其余各节浅赭色，第三至第五节端部褐色。触角基部外侧有一眼状黑色斑点。前胸背板、小盾片内域小刻点天蓝色，前胸背板后侧角有一对黑色小斑点或沿缘脉具不规则天蓝色斑纹，革片外缘有一条连续或中间中断的黑色条纹。膜质部分无色透明。卵长 0.9 ～ 1.20 毫米，宽 0.6 ～ 0.91 毫米，浅绿色，近孵化时变为黄绿色。卵块长条状，单层双行，排列整齐，上有较厚的乳白色胶质保护物。若虫 5 龄。初孵若虫近无色透明，老龄若虫草绿至黄绿色。5 龄若虫翅芽发达，小盾片分化明显，前胸和翅芽背面边缘有一黑色条纹，前胸腹面有一条黑色条纹伸达中胸。

1 年 1 代，以卵在落叶内越冬，少数在树皮缝、杂草或树干基部越冬，翌年 2 月底 3 月初越冬卵开始孵化，初孵若虫和 2 龄若虫先群居卵壳上取食卵块上的胶状物，不具有危害性。3 龄若虫较为活泼，在栗树嫩芽初绽时，群居芽及嫩叶上吸取汁液。若虫发育历期 34 ～ 61 天。成虫多在白天羽化，极为活泼，飞翔力不强，白天静伏栗叶背面，下午 4 点以后开始活动，多取食叶背面叶脉边缘和 1 ～ 3 年生枝条皮孔周缘及芽。成虫历期 145 ～ 213 天。成虫产卵于落叶内，卵块呈条状，卵期 102 ～ 135 天，自然孵化率达 98.5%。

防治方法　淡娇异蝽的发生及危害程度与栗园管理水平有密切关系。栗园树冠下杂草丛生，植被茂密，落叶覆盖较厚，越冬卵量大且若虫孵化率高，危害较重。管理好，栗园杂草落叶少，危害就比较轻。

在入冬后至 2 月下旬之前，彻底清除栗园杂草、落叶，集中烧毁或埋于树冠下，以消灭越冬卵，降低越冬卵基数。发生严重的栗园，在 3 月下旬至 4 月上旬，使用 40% 氧乐果乳油 1 500 ～ 2 000 倍液，进行树上喷药防治，防治效果达 97%。

五、栗实采后处理

板栗采收与储藏是板栗生产工作中的最终环节。适时采收，科学储藏，也是板栗高产、高效、优质的重要保证。

1. 板栗成熟的标准是什么?

苞呈棕黄色，自然开裂，栗实呈棕红色或棕褐色，并自然落地，坚果表面有光泽，说明板栗成熟。板栗最佳采收时间是干重达到最高值时。若板栗未成熟而提前采收，则会造成严重减产。试验证明，栗实后期增重明显，如9月13日成熟的板栗，在8月15日至9月12日之间，栗实每天增重2.4%。所以，若早采收10天，则将减产30%左右。栗实成熟前的15～20天时间是决定板栗品质好坏的关键时期。现在在部分板栗产区，栗农提前采收争相上市的做法是极其错误的，应该加以纠正。

充分成熟的栗实，各种品质都优于未成熟的栗实。成熟度高的栗实耐储藏，具有较强的抵抗各种不利环境因素的能力，如适应温度变幅较大，抵御病菌侵染的能力较强等。充分成熟的板栗，籽粒饱满，营养含量高，作种用表现为出苗率高，幼苗粗壮，生长迅速、整齐，抗病虫害能力强。

充分成熟的板栗生理品质好。据报道，成熟的栗实所含淀粉、脂肪、蛋白质、碳水化合物、矿物质营养、各种维生素等成分均高于未成熟的栗实。不论作为种子用还是食品加工用均为上等。

未充分成熟的栗实，内部各种酶的活性很强，呼吸强度大，水分含量高，生理上仍处于旺盛期，抵御不良环境因素的能力极弱，很容易遭受各种病菌侵染；采收后栗实各项品质指标均很差，尤其是耐储性更差，不利于储藏和运输。

2. 如何做到适时采收?

板栗从受精到栗实成熟需 100 ～ 120 天，华北地区 90 ～ 100 天，豫南地区约 110 天。但品种不同，成熟期也不一样，如河南南部产区（信阳李家寨），早熟品种板栗成熟大约在 8 月下旬，而晚熟品种最晚的在 10 月底采收。

为了获得优质的栗实，除了实施科学栽培、适时采收、合理的采收方法外，还有重要的一环就是在采收前，首先要做好栗园的松土工作（包括除草），在生产上此项措施常常被人们忽视。

栗子果实或栗苞由树上自由落到地面上时有一定的重力碰撞，果肉会受到机械损伤，表面看不出来，但有机械损伤的坚果耐储性较差。因此，采收前要把栗树冠下面及周围的土壤进行浅中耕刨松，这使土壤表面有一层比较松软的表层，坚果或栗苞落到地面时，坚果受到的重力撞伤就会大大地降低，提高栗实的质量。另外也便于拾栗工作，同时也利于土壤的蓄水保墒。

栗实在发育成熟期间，受到各种气候条件的影响，温度、湿度是影响栗实活力的重要因素。温度高，湿度低，果实会提前成熟，但果实重量较轻；成熟期雨水多，栗实水分含量增加，当秋天遇到高温天气，果实水分会快速蒸发，栗实活力下降，栗实品质下降。

密植栽培也会影响栗实质量，主要是由于光照不足与通风不良影响栗实的生长发育。为了生产优质的板栗，必须选择环境适宜的地区建立板栗生产基地，实施科学栽培、适时采收与贮藏。

3. 怎样采收板栗?

生产中常用的采收方法主要有打苞法和拾栗法两种。

打苞法　即用竹竿将栗苞从树上直接打下来。首先将树上已开裂或颜色已变黄的栗苞打下来，再捡起栗苞集中堆放，数天后待栗苞全部开裂时取出栗实。

打苞法要严格掌握采收时期，适时采收。采收过早，影响栗实产量和品质；采收过晚，栗苞开裂，坚果脱落，易遭鼠兽危害。

打栗苞要根据栗苞成熟情况，分期进行。一种方法是在栗苞有 1/3 转黄，略开裂，与果枝之间大多已形成分离层，一次性全树打净。此法采收期集中，速度快，缺点是有一部分栗实尚未成熟，影响质量，而且容易打断一些果枝、叶片，影响当年树体营养的积存和第二年的产量。另一种方法是分期打栗苞，即把已变黄色的栗苞先打落，青苞等转变成黄色后再打落，一般的做法是每隔 2 ～ 3 天打一次栗实。这种方法比一次性打落法的效果好一些，栗实成熟度基本一致，栗实外表稍美观。同时也可提早 2 ～ 3 天上市销售，具有一定的价格优势。这种方法采收实符合栗实坐果及成熟特性，比一次性采收栗实成熟度高。因为同一株树的栗苞，成熟期不一致，一般相差 10 天左右，采用一次打栗法，部分未成熟栗子也被打下来，影响质量，同时易打断结果枝和打掉叶片，影响第二年产量。

打苞法虽然节省了时间和用工量，但最突出的缺点是有 60%～ 70%的栗实没有达到充分成熟，产量受到损失，一般会减产 20%以上。其次是栗实质量很差，风味下降，不耐储运。

为了保证既采收成熟栗子，又要减少丢失和风干，另一合理的方法是将打苞法和捡拾法结合起来。在栗子开始成熟时捡拾栗子，到树上栗苞全部成熟后，再一次打净。

拾栗法 为了保证板栗采收时达到充分成熟，应该提倡拾栗法。栗实在栗苞上达到充分成熟时，就会从栗苞中自由脱落，这时应每天早晚拾取落果。自由落地的栗实籽粒饱满，品质优良，适于储藏和运输。采用拾栗法，可提高产量 10%～ 15%，而且栗实的外观和风味良好。

采用此法，应注意阴雨天，雨后初晴及晨露未干时均不宜拾栗实，因这时栗实湿度大，耐储性差。雨后拾栗实沙藏 20 天后，腐烂率高达 95%，而连续几个晴天拾栗实，同样沙藏 20 天的腐烂率只有 5.4%。

该方法还能避免打栗苞时损伤大量叶片和枝条。但此法的缺点是延续时间长，较费工。落地以后若不及时拾取（一般过 1 ～ 2 天），栗实会失去水分呈半风干状态，既减产又不耐储藏。拾栗法最好在晴天上午进行。

这种采收方法费工，采收持续时间长，不便管理和销售。生产中，拾栗法常与打苞法配合使用，即采收前 2 ～ 3 天有部分实脱落时用拾栗法，当 50% 栗苞开裂时一次性采收或分批采收。

4. 栗苞脱粒及堆放的注意事项有哪些？

采收后的栗苞，已经开裂的可及时脱粒，未开裂的栗苞堆放在阴凉通风处，使其开裂后脱粒，这样有利于坚果后熟和着色，对提高栗实品质有一定作用。注意栗苞不要堆放过高，以免发热霉烂变质。自由脱落的栗实刚落地时，成熟度较高，胚的含水量一般仍较高，生理代谢作用还相当旺盛，呼吸所释放出来的热量仍较高，此时不宜将栗实立即进行储藏。可以把拾起来的栗实放在空气流动条件较好、空气相对湿度与栗实含水量基本一致、遮阳的地方，让它“发汗”1 ～ 2 天后再储藏，效果更好。

5. 优质板栗分级与品质标准有哪些？

板栗坚果的用途不同，分级标准也不一致。作种用的侧重于播种品质，食用、食品加工用的则以单粒重为分级标准。市场上对板栗等级规格要求很严，栗实级差很大，所以销售前应做好分级工作。目前全国尚未制定出通用的板栗分级标准，各地收购时都是依据外贸出口要求分级的。一般分为 3 级，一级果单粒重 6.25 ～ 12.58 克，二级果单粒重 5.25 ～ 6.24 克，小于 5.25 克的为三级果。

河南省质量技术监督局于 1988 年颁布实施的《河南省主要造林树种的种子质量分级》（河南省地方标准）中，规定了板栗种子净度、发芽率、优良度等指标，根据指标我们可以把栗实质量分级（表 16）。

表16　栗实质量分级指标

标 准	一级	二级	三级
纯净度（%）	> 99	> 97	> 95
优良度（%）	> 90	> 85	> 75
单粒重（克）	6.25 ~ 12.58	5.25 ~ 6.24	< 5.25

续表

标 准		一级	二级	三级
含水量（%）		25 ~ 30		
外观品质		果形整齐，色泽正常，果粒完整，干净无杂，无不良气味		
不完善率（%）		虫蛀、生芽、损伤、受冻、裂口率＜4		
霉烂率（%）		＜5		
菜用栗	淀粉含量（%）	＞60（干重）		
	肉 质	肉色鲜美，粳性		
炒食栗	含糖量（%）	肉 质＞18		
	肉 质	糯性，细腻，风味香甜		

6. 栗实如何储藏?

板栗生产有极强的季节性和区域性，加上板栗含水量较高，生理代谢旺盛，因此具有“四怕”的特点：即怕热、怕冻、怕干、怕水。栗实若采摘不当、储藏不善、运输不及时或粗放管理等，在采、储、运期间往往因在技术管理中某一环节出问题，导致大量栗实腐烂，我国板栗每年发生的霉烂和腐烂病的数量占总产量的30%左右，每年经济损失上亿元，也在国际市场上造成不良的印象。因此，必须提高板栗的储藏保鲜能力及技术水平。我国目前生活水准仍较低，对果蔬的保鲜缺乏必要的认识和投入，对板栗更是认识不足。因此，对板栗的储藏保鲜在近期内还不能普及冷藏、气调储藏技术。我们应当从中国国情出发，吸收国外的先进技术与经验，同时也应该充分利用我国民间特有的土办法，并对技术进行一些改进，土洋结合，因地制宜，做好我国板栗储藏保鲜工作，减少经济损失，这对我国板栗生产具有重要的意义。

7. 影响板栗储藏的因子有哪些?

栗实储藏难度较大，为解决栗实储藏难题，必须要了解影响栗实储藏的内外因子。

品种 栗实的储藏性与品种的成熟期有直接的关系，晚熟品种的储藏性比早熟品种的储藏性要强些，9 月中旬前成熟的品种储藏性比 9 月下旬成熟的品种差些。计划储藏的栗实，必须选择晚熟品种。

产地 北方品种的栗实储藏性比南方品种的储藏性强。

成熟度 没有充分成熟的栗实，种皮尚不完全具备正常的保护功能，内含有机物质还没有完全转化为凝胶状态，含水量要比成熟度好的高 10%左右，呼吸作用强，不宜储藏。果皮为白色，角质化差，容易碰伤，引起菌类入侵。当栗实采收脱粒时受到机械损伤和微生物侵染，则储藏时易引起霉烂。据试验，沙藏一个月未成熟的栗实腐烂率高达 57%以上。

种子含水量 栗实含水量直接影响种子在储藏期的呼吸强度和代谢性质，并且影响种子表面微生物的活性。栗实含水量过高时，引起种子“自潮”、“自热”及“无氧呼吸”，种子生命力迅速降低；但栗实又不耐干燥，若储藏前失水过多，抗病能力降低，则易受到病菌侵染引起种子腐烂，甚至丧失生命力。储藏栗实的安全含水量应为 25%～30%。

采收天气 在晴天、低温、干爽的天气采收的栗实比在阴雨天、气温高、湿度大时采收的栗实的储藏性好。

温度 在一定温度范围内，种子的呼吸强度随温度的升高而加强，种子寿命缩短；当温度过高时，蛋白质发生质变，种子生命力会迅速丧失。但温度过低，含水量较高时，种子内水分会结冰，同样导致种子失去生命力。板栗种子既怕热，又怕冻，种子霉烂高发期多集中在采收后 1 个月内，这一时期气温较高，种子生理活动旺盛，遇高温等不良环境因素易引起栗实霉烂。种子采收后及时进行冷藏（0 ～ 5℃）比常温储藏效果要好

病虫害 在栗实成熟过程中，有一些害虫如桃蛀螟咬伤果皮和栗仁，降低了栗实储藏价值。一部分栗实的腐烂是由于某种病菌的侵染而引起的，另外储藏期间栗实内生理发生变化是栗实腐烂的内在原因。

栗苞堆放 采收的栗苞，堆放时由于栗苞成熟度不一样，会影响栗实的储

藏性能。成熟度好的栗苞贮藏性好。

失水风干 储藏前因干燥而失水过多，是栗实在储藏过程中引起腐烂的关键因素。失水越少保鲜率越高，失水越多保鲜率越低。

通气条件 栗实储藏期间，若通风不良，则呼吸作用产生的二氧化碳和水分不易排出，积累在周围，促使栗实产生无氧呼吸，导致中毒死亡。因此，大量储藏时，库房必须具备良好的通风条件。

生物因子 储藏期间，病虫、鼠类等都直接影响着种子寿命。生物对板栗的危害程度与储藏环境条件有密切关系。保持储藏库温度适宜，保持种子安全含水量，定期检查，通风换气，是控制生物危害的重要措施。

8. 储藏中应注意的问题有哪些?

栗实霉烂大多发生在采收后的一个月内。这一时期气温高，特别是 9 月上旬成熟的栗实，当时气温在 20 ～ 30℃，栗实处于休眠的准备阶段，生理活动比较旺盛，若遇到高湿、通风不良或严重失水均会引起栗实霉烂的发生。

储藏温度过高 储藏温度过高有两种情况，一种是栗苞堆放太高，这时栗苞皮还处于活动状态，呼吸作用旺盛会引起发热。据测试，堆积高度增加 1 米，温度能升高 10℃，栗实堆中间的温度高达 50 ～ 60℃，这会导致果胚组织死亡，蛋白质变性，引起霉烂。另一种是栗实储存时，没有加湿沙等填充物，直接将栗实集中堆在坑中或在大容器中存放，由于栗实早期呼吸作用旺盛引起发热，加上早期气温高和不通风，引起栗实霉烂。 也有因填充物过少或用陈腐的锯末屑等引起的发热而霉烂。

湿度大、通气不良 采收季节多雨时，栗实含水量过大，立即在高温条件下储存，容易引起栗实霉烂。在储存过程中需要保持一定的湿度，但也要通气良好，通气不良能引起栗实发热而发生霉烂。

储运过程中失水 栗实必须保持一定的水分，失水过多，失去生理活性，容易染病，发生霉烂。

9. 栗实储运中霉烂的原因有哪些?

栗实在储运过程中，如果处理不当，也容易引起霉烂，造成霉烂的原因如下。

不成熟种子引起霉烂 我国栗实采收方法大多用打苞法。由于成片栗树成熟期不一致，即使同一棵树仍有部分栗苞还是青苞。这些青苞栗子还未成熟，要在堆放中用脚踩开栗苞取实。这种果实含水量高，坚果表皮角质比较差，病虫易侵入其中，引起腐烂。

失水风干引起霉烂 板栗在失水的情况下，生理活动受到影响，失水的栗子放在湿沙中或保水的条件下再吸水产生霉烂。试验表明，在室外风干1天，栗子失水11.2%，并不发生霉烂；风干2天失重19%，沙藏后有26.7%霉烂；风干3天失重21.4%，沙藏栗实80%在储藏中霉烂；风干5天以上沙藏全部霉烂。如果风干的栗子继续风干或晾晒，则不会发生霉烂，但是种子完全失去发芽力，同时栗子生硬，也无法炒食，失去商品价值。因此，防止栗子风干是采收中的重要环节。

不合理的储藏运输引起霉烂 储藏温度过高也是霉烂的原因，如运输过程中无填充物，栗子直接堆放在一起，由于呼吸作用引起高温而霉烂。所以，运输时最好有冷藏条件，目前专业运输车、船都有冷藏设备，可减少损耗。另外，打栗苞剥取的栗实含水量大，需要阴干2天，进行“发汗”后储藏，如果立即储藏也容易霉烂。

病虫害引起霉烂 在栗实成熟过程中以及栗苞堆放时，象甲和桃蛀螟等害虫，可咬伤果皮和果肉，从而引起霉烂。栗子的腐烂，多由病菌的侵入或腐生菌的生长引起，储藏期间坚果内生理变化是腐烂的内在原因。造成栗子霉烂的病菌有青霉菌、镰刀菌、木霉菌、毛孢菌、红粉霉菌、裂褶菌等。

10. 如何防止栗实在储运期间霉烂？

科学采收 当板栗树上有半数以上栗苞发黄开裂时采收最为合适。这时有部分栗子已经落地，可在清晨及时捡拾1～2遍。而后用竹竿打落采收。由于栗苞有离层，很易击落。一般树上总留些青栗苞，这种栗苞是空苞，不必打落，以防伤树和费工。

捡拾的球果要堆放在地势较高的阴凉地方，堆积高度不超过1米。为防止发热，不要将球果紧挤，也不要太阳直晒，上面加盖杂草等物，以达降温保湿作用。在堆积期间栗实有一定的后熟作用，可使栗苞中的一部分营养转送到栗实中，使果皮颜色由浅变深，角质化提高，光泽度增加。堆放 1 天左右，将栗苞中的栗实取出，阴干 1 天后即可储运。

熏蒸杀虫 因为象甲、桃蛀螟危害果实非常严重，在日本，栗子采收后都要集中熏蒸杀虫，而后储藏上市。我国特别是南方地区也应采用此法，根据栗实数量，用密闭的熏蒸室、熏蒸箱等熏蒸杀虫。一般以小房间为宜，将栗子装袋后放入室内，用二硫化碳 1.5～2.5 千克 / 米^3。气温高，药量可少些，气温低，要多些。将二硫化碳倒入表面积较大的浅器皿内，放在栗实袋的上面，让汽化后的二硫化碳气体下沉。药液可分装数个器皿，分布在房内的不同部位，使二硫化碳气体分散到每个角落。熏蒸时要把门窗关严，并要将门窗缝隙用纸封起来，1～2 天后即可把害虫杀死。

低温储运 近年来，各地都建造有冷库，采收后气温较高时，可储藏在冷库内，待气温下降后再运输到各地。放入冷库时，栗子要装在湿麻袋内，库温保持在 0～2℃，相对湿度 80%左右，并有一定的通风条件，让潮湿的冷风进入。大量栗实用船运输时，要求有冷藏室，以保证低温湿润的条件。

11. 栗实储藏准备工作有哪些?

栗实储藏或外销前要严格按标准分级，包装用纸箱、箱板、隔板、果垫、包装纸、胶带纸均应清洁、无毒、无异味，箱体两侧留 4～6 个气孔，气孔直径 15 毫米左右，箱体应注明商标、品种、产地、重量，注明是否为公无害果品。如批准为绿色食品，要印上绿色食品标志。果品储藏期不许使用化学药品保鲜。

栗实储藏前清理、分级 随着市场经济的不断发展，市场对商品质量提出了更高的要求。因此，为了保证板栗产品质量，栗实储藏前必须进行严格的挑选，清除不合格的果实，如病虫果、干瘪果、霉烂果、畸形果、机械破损果、成熟度不够的次果以及小粒果等，并根据单粒重随行分为大、中、小 3 个等级，这个等级是根据我国出口标准分级的，然后再按等级分别贮藏。

栗实储藏前的分批 栗实在储藏前，不但要按不同等级严格分开，还应根据产地、品种、收获季节等情况分批堆放。每批栗实不论数量多少，都应具有均匀性。

通常不同批的栗实都存在着一些差异，若差异显著，就应分别储藏，或者进行重新整理，使其标准达到基本一致，才能并堆储藏，否则就会影响栗实的质量。如栗实混级、纯净度低的栗实混入一等栗实并堆储藏，不仅会降低后者在市场上的价格，而且还会影响栗实在储藏期间的稳定性。把水分含量悬殊很大的不同批的栗实混放在一起，会造成栗实堆内水分的转移，致使部分栗实霉烂变质。同批栗实数量较多时，也以分开储藏为宜。

栗实储藏前分批，对保证栗实的质量和安全储藏十分重要，不能草率从事。

清仓和消毒 清仓工作包括清理仓库和仓内外整洁两方面。清理仓库不仅是将仓内的杂物、垃圾等全部清除，而且还要清理仓具，剔刮虫窝，修补墙面，嵌缝粉刷。仓库外也应铲除杂草，排去污水，使仓外环境保持清洁。

消毒，不论新仓或已存放过栗实的旧仓，都应该做好消毒工作。方法有喷洒消毒和熏蒸消毒两种。消毒必须在修补墙面及嵌缝粉刷之前进行，特别要在全面粉刷之前完成，因为新粉刷的石灰，在没有干燥前碱性很强，容易使药物分解失效。

空仓消毒可用敌百虫或敌敌畏等药剂处理。用敌百虫消毒，将敌百虫原液用水稀释到0.5%～1%，充分搅拌后，用喷雾器均匀喷布。用药量为3千克的0.5%～1%药液可以喷雾100米^{2}面积。也可用1%敌百虫水溶液浸渍锯木屑，晒干后制成烟剂烟熏杀虫。

敌敌畏消毒，用80%敌敌畏乳油0.1%～0.2%的药液即可喷雾；将在80%敌敌畏乳油中浸过的布条，挂在仓库中，布条间距2～3米。

施药后门窗必须密闭72小时。消毒后须通风24小时后，栗实才能进仓，以保障人的安全。

栗苞堆放脱粒 首先选堆放场地，要求场地不能积水，排水良好。堆放前场地要求全刨松，然后用0.5%～1%敌百虫药液进行土壤消毒，然后压平。栗苞堆的高度以40～50厘米为宜，不能压实。分层堆放，每堆放一层高度约20厘米，用90%敌百虫晶体1 000倍液进行喷洒，效果良好。为了防止太阳直晒，上面用草帘覆盖，以防高温，而且每天要翻动2次，散去热量。经3～5天就可以脱粒。

散热预储 板栗大部分品种是在9月中下旬至10月上旬期间成熟，此时气温仍较高，从栗苞中脱离出来的栗实还有一定的温度和湿度，需要在自然状态下摊开吹风，使栗实冷却散热，群众称为“发汗”。否则会因果实含水量大、温度高、呼吸作用旺盛，降低栗实的储藏性。一般经过“发汗”两天即可储藏。

防虫处理 栗实采收后，应集中熏蒸杀虫，然后再储藏。根据栗实数量的多少，采用熏蒸室、熏蒸箱、坛、缸之类的器具，要密闭不能漏气。使用二硫化碳熏蒸比较安全可靠，气温高于20℃时，用量20毫升 / 米^3，气温低时用药可适当增加，温度高时用药量可以适当减少。为了易于气化，药液可分装在数个器皿内，置于室内不同的地方，以尽快扩散到每个角落。

二硫化碳是易燃液体，熏蒸时勿近火源，以免发生火灾。倒入二硫化碳后应立即关闭门窗，并用牛皮纸将门缝封严，一般经18～24小时便可杀死全部害虫。然后将门窗打开，等气体扩散后取出栗实。

也可用溴甲烷进行熏蒸灭虫。将栗实装进麻袋，然后把麻袋放到熏蒸棚（室）。药量60克 / 米^3，熏蒸4小时，杀虫率可达96%。熏蒸后，溴甲烷残留量仅为1.9～3.8毫克 / 升，低于国际规定的50毫克 / 升的标准，对栗实的蛋白质和脂肪含量也无大的影响，炒后熟食品尝果味正常。这种熏蒸方法操作简便，工效高，节省劳力，适于大规模推广应用。

此外，使用磷化铝或二氧化硫熏蒸效果也显著。也可采用塑料袋装进栗实，然后袋内充进氮气降低氧气，当氧气浓度减少到3%时，4天后袋内栗实害虫全部死亡。

防腐处理 为了减少栗实在储藏中的腐烂率，可用 0.05% 2，4-滴与70%甲基硫菌灵可湿性粉剂500倍液浸果3分钟，取出控干药液后进行储藏。采用堆藏和沟藏前，分别喷洒200倍和100倍甲基硫菌灵溶液处理栗实，可以使栗实霉烂降低到5%左右，效果比较显著。

预防发芽的处理 沙藏的栗实在温度4℃左右时，就开始发芽。在露天沙藏条件下，温度不易控制，储藏前用1%青鲜素，或0.1%萘乙酸，或0.1%比久溶液浸果3分钟，即可降低栗实发芽率。

采用通风冷库储藏栗实，温度控制在1～3℃，相对湿度65%～95%，二氧化碳不超过3%，储藏107天，发芽极少。用水果涂料处理剂处理栗实，既可以抑制栗实发芽，又能减少栗实失重，效果也较理想。

12. 栗实储藏方法有哪些?

目前，常用的栗实储藏方法有沙藏、冷藏、窑藏和袋藏。

沙藏法 一般多采用室内沙藏，又分为混沙储藏和分层沙藏两种。分层沙藏通过翻堆检查也会变成混沙储藏。用作种子的栗实沙藏效果较好，有利于种芽萌发，播种后出苗整齐，抗逆性较强。

沙藏法是北方板栗产区采用的主要方法。沙藏棚要求建在冷凉背阴的地方，或四周及顶部用秫秸、苇席等搭棚遮阴，防止风吹日晒雨淋。棚门留在阴面，棚内地面要求平整，铺上10厘米厚的洁净湿粗河沙。将成熟栗实与湿沙混合(2份沙1份栗实)，或一层沙一层栗实进行沙藏。沙藏堆高出地面40厘米，宽100厘米，长度依栗实数量而定。上面及四周覆盖10厘米厚湿沙。沙的湿度以保持含水量8%～10%为宜。为了在沙藏期不受污染，最好选用无土的河沙，用前曝晒2～3天，用时加入5%的清水，水中溶入0.1%甲基硫菌灵溶液。

沙藏堆应间隔4～5天翻倒一次，以利放热并拣出烂粒，保持河沙含水均匀，避免有干有湿。在翻堆1～2次后，待气温下降到0℃时，入沟储藏。储藏沟应选择在高燥、排水良好的背风阴凉处，沟深宽各1米，长度不限。沟藏时先在沟底铺一层湿沙，而后将栗实和湿沙边混均匀边放入沟内。为了省工也可一层沙一层栗实放入，每层沙和栗实厚5～6厘米。低于沟口20厘米即可全盖湿沙，直到与沟沿平齐，最后盖土。由于前期气温较高，沙藏沟不要覆土太厚，等气温下降到0℃后，再逐步加厚土层。这种沙藏法，堆后不用翻动，栗实不易变质。如果储藏少量栗实，可以与湿沙混合后，放入深60厘米、直径30厘米的圆坑内，坑上覆土30厘米左右即可。

土窑洞储藏法 土窑洞储藏法是西北栗产区的科技人员创造的一种适合当地条件的储藏方法。由于窑洞处于岩石深层，受外界自然条件影响较小，具有良好的热稳定性和密封性，能长期保持低温高湿的环境条件，所以，储藏效果较好。

建造窑洞时，应选择便于挖掘，不易发生塌方的地质结构，窑顶部土层要厚一些，窑身后部应留通气孔。窑洞大小视栗实储藏量而定，宽3.5～4米，高3.5米左右，深可达20米以上，窑后部尽头向正上方挖一直径80～100厘米的通气孔，高出地面，上盖水泥板栗，以利通风换气。入库栗实多采用条编筐装，码成4个筐高、3～4个筐宽、10米左右长的长方垛，垛与垛之间留出

20～30厘米的步道，便于通风和检查。

土窑洞储藏栗实时，应选择偏晚熟和晚熟品种。入储的栗实需用10%食盐溶液进行水洗，以清除杂质，洁净果面，同时剔除漂浮在水面上的风干栗、病虫栗、裂口栗及色泽不良栗；然后用50%多菌灵胶悬剂500～1 000倍液浸泡1小时，或用0.1%高锰酸钾水溶液浸泡30分进行灭菌处理，以防栗实被病菌侵染引起腐烂。将栗实经过发汗、挑选、消毒后，装筐入库储藏。储藏期间，要定期检查，适时通风换气，窑洞内相对湿度保持在85%～95%为宜。

储藏前，将窑洞打扫干净，用福尔马林或硫黄熏蒸消毒。用福尔马林熏蒸时（每100米^{2}用量1～2千克，高锰酸钾0.7千克），先把高锰酸钾放在容器中，再把福尔马林和水的稀释液倒入，熏蒸8小时后，放气4天，如窑洞气味尚未消失，可放一小盆氨水，以除气味。若用硫黄熏蒸时，每立方米用硫黄10克，傍晚把硫黄放在金属容器内燃烧，密闭一夜即可。

栗实储藏期间，要注意调整窑温和湿度。当窑温至12℃，相对湿度在95%以上时，要全开进出风道口；温度10～12℃、相对湿度90%以上时，进出风道口昼关夜开；温度在8～10℃、相对湿度在90%以上时，每7天打开一次进出风道口，放风时间为早7点至第二天凌晨5点；温度在8℃以下时，每半月通风一次，通风时间同上；窑内温度在6℃以下时，主要根据湿度的变化进行调节，但窑内相对湿度始终需保持在90%以上。湿度调节的办法是进行人工喷雾增湿，要注意喷雾细致周到。也可在地面喷水、挂湿草帘、湿麻袋或在地面放置湿锯末、冰块等，以增加相对湿度。为了防止霉菌滋生蔓延，可结合喷水增湿喷洒300毫克/升高锰酸钾溶液。

冷藏法 栗实冷藏是储藏效果较好的方法之一。冷藏栗实不易发芽，损耗霉烂少，可延长市场供应时间。在气温高的地区，应采用冷库储藏。这是板栗外销出口和经营单位常用的方法。各种储藏方法的结果比较表明，以冷藏法储藏板栗效果最好。一是栗实损耗少，二是基本上无发芽现象。

入储的栗实应为色泽正常、果粒基本整齐、无虫、无病、无裂口、充分成熟的果实。入贮的果实必须采用内衬浸水湿麻袋的双层麻袋或内衬打孔塑料袋的包装方式，以保持栗实的湿度。

码垛应实行叉车托盘制，即采用木制托盘，每盘上放四层麻袋，垛位长方形，宽3块托盘，长11块托盘，高3层托盘。垛与垛之间留20～40厘米空隙，以便进行检查和通风降温。库温掌握在 -1 ～ -2℃为宜，相对湿度为 95% 左右，二氧化碳含量不超过 3%。

带栗苞储藏 选择排水良好的场地（室内也可），下面铺 10 厘米厚的沙。晴天时采回栗苞，栗苞应完整、无病虫。将栗苞露天堆放，栗堆的大小不限，但最高不超过 1 米，过高容易发生腐烂。堆好后用秸秆等覆盖，以防晒、防干、防冻。25 ～ 30 天翻动一次。注意检查，如堆内发热或干燥，要适当泼水，以降低温度和保持一定的湿度。此法的优点是栗苞有刺保护，不容易污染和擦伤，也可减少鼠害，简便省工，储藏期长。从 9 月开始，可储藏到第二年 3 ～ 4 月。缺点是栗实受象甲危害的情况下不宜采用，否则堆积时高温有助象甲危害。同时会使带栗苞储藏栗实发芽较多。

塑料薄膜袋储藏法 选用中晚熟品种的栗实，经发汗、消毒、沙藏 1 个月左右，再改用打孔塑料薄膜袋储藏。栗实入库前要用 70% 甲基硫菌灵可湿性粉剂溶液浸泡 10 分钟，晾干后装入袋中，每袋装 25 千克为宜。薄膜厚 0.05 毫米，袋两侧打直径 2 厘米的小孔，孔距 5 厘米，以利通风换气。若不打孔，则应经常打开袋口检查。

气调储藏 板栗采用二氧化碳＜10%，氧气 3% ～ 5%，温度 -1 ～ 0℃，相对湿度 90% ～ 95% 的条件可储藏 6 个月。在薄膜袋内加入以硫酸亚铁为主剂的吸氧剂和生石灰为主剂的吸湿、吸二氧化碳剂可使板栗的保鲜期达到 5 个月。采用碳分子筛制氮设备，更可成功地解决库房保湿、防潮、密封、气体调节、温湿度控制等问题，保鲜期更长。

涂膜保鲜 此法适用于大量储藏板栗。涂膜剂是无毒的天然高分子化合物，较易溶于水，能在栗实表面结成一层薄膜，并可将杀菌剂、抑芽剂等溶于涂膜剂中，在板栗保鲜储藏过程中缓慢地释放出来，起到不断杀菌和协调生理代谢的作用，降低呼吸速度。微小的膜孔不断地进行着气体的内外交换，避免过高的二氧化碳积累和过低的氧气所造成的伤害。

板栗的品种、栽培条件、土壤中钙等矿物质的含量对板栗的耐储性也有很大的影响，保鲜储藏板栗应选择晚熟耐储藏品种。板栗采收后应尽快处理入库，前处理时间越长，板栗在储藏中腐烂率越高。预处理时间一般不超过 3 天。板栗在储藏过程中主要受储藏温度、包装、气压等因素的影响，一般以常压（0 大气压）、0 ～ 5℃为最佳储藏条件。

六、板栗轻简化栽培技术与新型农业机械应用

1. 什么叫果树轻简化栽培？为什么要推广果树轻简化栽培技术？

果树轻简化栽培也叫低成本栽培、省力化栽培。主要采取矮化密植、生草栽培、肥水一体化自控灌溉、病虫害生物防治、简化修剪、生长调节剂调节和充分利用果园除草、耕作、喷药等机械设施进行果园高效栽培管理，实现果树高产、优质、大果、高糖、矮化、完熟、高效的目的。

传统的果树业是劳力密集的精耕细作型的栽培方法。这一栽培方式使我国的果树生产不断得到了发展，产量和品质都有了较大幅度的得高，但随着第三产业和乡镇企业的不断发展，大批有文化、有抱负、有胆识的年轻人外出闯世界，使农村劳动力出现了较大规模的转移。在大批转移到第二、三产业中去的农村劳力中，绝大部分是青壮劳力，使农村果树从业人员老年劳力比重逐年增加，老龄化高龄化现象已日趋明显，尤其是在经济发达地区已较为突出。随着规模经营的发展，果树生产专业大户不断涌现，经营大面积果园的劳力大部分采用雇用的方式解决，使得用于劳动力支出的费用比例不断增加。近年来果园经营的各项费用不断提高，其中劳动力的价格上升尤为显著，随着经济的不断繁荣，劳动力的价格还将继续上升，目前果园经营中劳动力的费用支出占总支出的 40% ～ 50%。综合以上情况分析，研究和推广果树的轻简化栽培是社会发展的必然趋势，也具有十分重要的意义。

2. 果树轻简化栽培的主要方法都有哪些？

选择抗性强、树体矮化早实的品种 抗性强的品种能减少用药成本和次数，病虫害防治省力。树体矮化的品种一般结果早、易丰产，也易管理，生产成本当然低。

实施矮砧、宽行密植栽培模式 矮砧宽行密植模式是世界果树发展的潮流。采用矮砧宽窄行密植栽培，可以较为容易地控制树高和冠幅，并更加有效地利

用土地。果园管理上可大幅度降低劳动强度，减少果园用工。宽行密植主要是为未来果园机械的利用和行间生草打好基础。

重视建园前的规划设计 对于规模较大的新建果园，在建园之初一定要特别注重果园规划，如土壤改良，地下灌溉、施药设施的铺设，采果、分选、包装场地的选定等，这对于建园后操作非常重要。

改革土壤管理制度，改清耕制为生草或覆草制 传统上我国果园管理中人工除草每年都占用大量人工，在7～8月雨季更是一项难以完成的任务。所以，改革土壤管理制度，非常必要，要放弃清耕制，以提高土壤肥力为目的。降水量较大或有灌溉条件的地方实行果园生草，干旱区域可进行果园覆草，从而减少土壤耕翻和除草用工。同时长期的生草和覆草，有利于提高土壤有机质含量，肥沃土壤，健壮树势，抵御各种病虫及自然灾害，降低果园用工。

肥水一体化 中小型果园可以利用打井或园内建水池、水塘等水利设施，利用简单的地下管道，将施肥与浇水合并进行，既省力效果又好。

试验简化原有烦琐工作 授粉、疏花疏果推广更是用工很大，可试验在蜜蜂授粉的同时，进行人工喷粉。只要试验好花粉的浓度、喷粉时间、次数等技术性问题，应该可以找到有效方法。

病虫害实行“预防为主，综合治理” 实施病虫害综合治理，根据预测预报，以预防为主，从病虫开始发生时就进行挑治，合理用药，从而减少用药次数，降低果园用工。

使用抑制激素，控制树体生长 由于我国矮化砧木研究比较落后，所以在密植时，使用抑制生长的激素如多效唑、矮壮素等能有效控制树体生长，达到控制树冠、早结丰产的目的。比如某些晚实性品种生长较旺盛，用多效唑控梢效果非常明显，而且促花效果也特别好。

开发果园简易机械 在实施宽行栽培以后，许多果园机械才可能得以实施。通过开发研制出适合果园特定环境条件的适用机械，如自走式土壤旋耕机、割草机、迷雾喷药机。通过打井、铺设地下管道实行肥水一体化配套设施，甚至果树修剪平台机械等，创造出适合我国实际情况的简单易行的果园机械，大幅度解放劳动力，减少果园用工，实施轻简化栽培。

修剪自然轻简化 可根据栗树的特性，顺其自然生长，只对少量病虫枝、严重紊乱树势的枝条进行疏除，以简化修剪程序，大大减轻修剪工作量。

3. 果树轻简化栽培应注意哪些问题?

果树轻简化栽培是一个复杂的系统工程研究项目，必须以发达的工业为基础，必须具有较高程度的机械化。

轻简化栽培必须从建园开始规划和设计，综合考虑品种、病虫防治修剪、收获等各个环节。

各品种间的轻简化栽培应根据各自特点，并重点解决那些用工量大的环节。

果树的轻简化栽培是一个崭新的研究项目，在如何既要抓好果树生产的“一优两高”又要达到省工省力省本方面，尚有大量的课题有待于进一步研究和探索。

4. 新型农业机械在板栗生产中有哪些应用?

图 38　多用植树挖坑机

多用植树挖坑机（图 38）　由小型通用汽油机、超越离合器、高减速比传动箱及特殊设计的钻具组成，适合坡度低于 20° 的坡地、沙地、硬质土地。挖坑直径为 200 毫米、250 毫米、300 毫米，每小时不低于 80 个坑，按一天工作 8 小时计算，一天可以挖 640 个坑，是人力劳动的 30 多倍。它让人们从繁重的体力中劳动解放出来，动力强劲，外形美观，操作舒适，适合各种地形，效率高，便于携带及野外田地作业。

果园微型除草机械（图 39）　埋草旋耕机既是耕地机械，又是施肥机械，还可作为除草机械用于除草，是一种多功能果园机械。目前使用最多的是与手扶式小四轮拖拉机相配的配套产品。

双刃嫁接刀（图 40）　能够方便更换刀片的双刃嫁接刀是嫁接刀的一种。它的刀架是由板材围成的方柱形框架结构，在刀架相对两个面的内侧或者外侧分别固定设置有压板，在压板和刀架之间夹装刀片，刀架的上下边缘和压板的上下边缘平齐。同时，刀片的上下边缘均超出刀架和压板的上下边缘，采用双刃嫁接刀，由于是有两片刀片组成，所以减少了切割的次数，一定程度上提高了工作效率。再者砧木切割处与接穗的大小相等，保证了精密吻合，而且只需

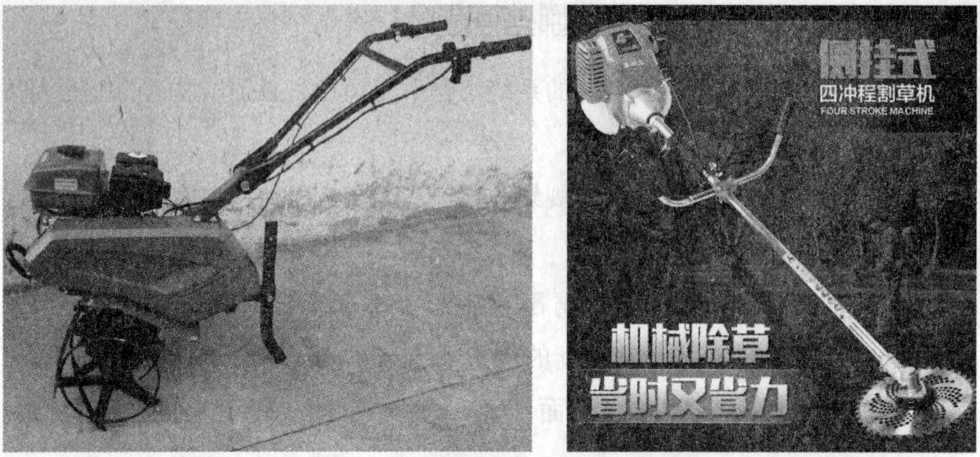

图 39　果园微型除草机械

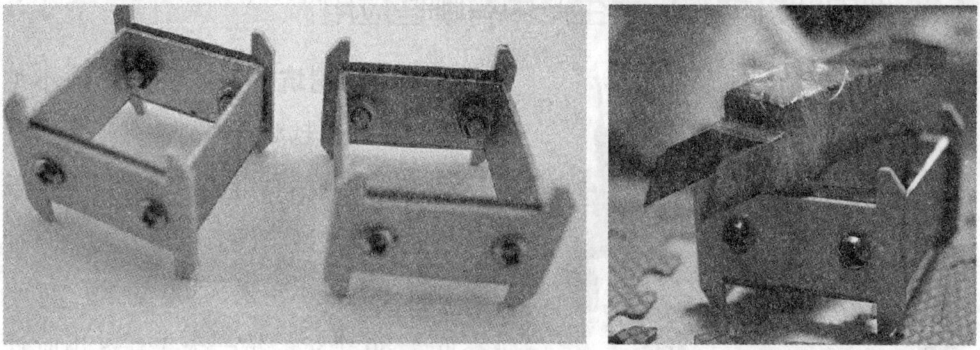

图 40　双刃嫁接刀

一次切割。刀片是由压片固定的，所以刀片很容易拆洗或者更换。

果园风送式喷药机（图 41）　利用植保机具防治果园病虫害是果园中最主要的、劳动强度最大的作业，一般每年要喷药 3 ～ 5 次。目前我国果园中大多采用高压喷枪淋洗式喷雾，沉积到果树上的药液量不到 20%，其余的大量农药流失到土壤和周围的环境中使土壤和环境受到污染，而且操作人员的劳动强度大、条件差、生产效率低。20 世纪末我国从国外引进果园风送式喷雾

图 41　果园风送式喷药机

机。风送式喷雾机是利用液力先将药液雾化，然后靠风机产生的气流使雾滴进一步雾化并输送到靶标上。携带有细小雾滴的气流驱动叶片翻动，使叶面的正、反面都能着药。这种喷施方法不仅使果树上喷施的药液量比用喷枪喷施大为减少，还提高了药液在靶标上的覆盖密度和均匀度，其药液的利用率达到30% ～ 40%，同时操作人员的劳动强度和工作条件还大为改善。

单轨运输车（图 42） 单轨运输车是为解决空间狭小，上下坡运输农用物资和果品，并且不宜开设一条新路的问题而开发的新产品。单轨运输车由机头汽油发动机、变速箱、制动装置、拖车组成，有一组手动制动装置使轨道车随时行进和停止。它同时还安装有一组紧急制动装置，在轨道车工作异常时紧急制动装置会使轨道车自动强制停止。驱动装置是由发动机带动变速箱，变速轴带动齿轮转动，齿轮与轨道的齿条紧密相连。因此行走在坡地时，不会发生下滑现象。这样保证了可靠安全的运输工作。

图 42　单轨运输车

便携式树干振动器（又名果树振动采收机）（图 43） 是针对国内林果产业发展需要，最新推出的一款便携式坚果采摘收获机械。适用于对板栗、核桃、巴旦木等坚果（干果）和表皮不易破损的鲜果，如红枣、冬枣等果品进行收获。产品具有易于携带，作业效率高的特点。产品动力形式是背负式汽油机。作业时只需手持作业操作杆并按动启动按钮就可以，既提高了采收效率，又减轻了劳动强度。科学的平衡设计，使得背负式作业更舒适。

图 43　便携式树干振动器

板栗剥苞机（图 44） 板栗剥苞是板栗收获后进行初加工的一个重要环节，目前该环节主要由人工作业，劳动强度大，且工作效率低，造成季节性劳动力紧张，严重制约了板栗产业化发展的步伐。

板栗剥苞机具有结构紧凑、操作简便、生产效率高、价格低廉等优点。通过近几年的试验，为解决板栗剥苞的难题奠定了技术基础。

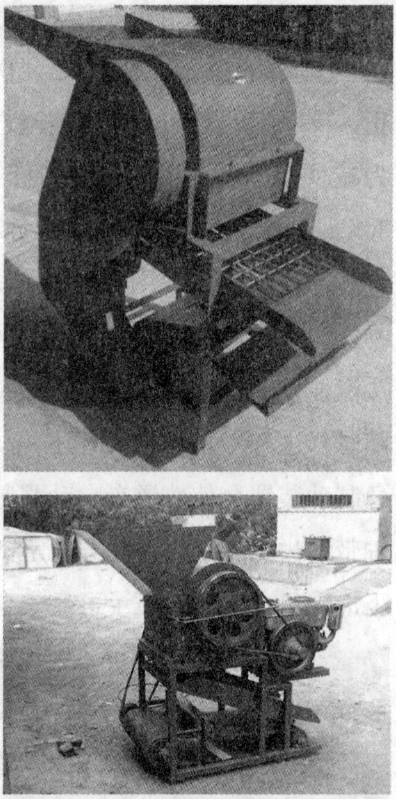

图 44 板栗剥苞机

●工作原理。板栗剥苞机由剥苞机构、筛体、机架、机罩、电动机、传动机构等组成。以电动机为动力，带动剥苞转子锤片旋转，与剥苞定子形成相对揉搓力，对从喂入口进入的栗苞进行揉搓和挤压，使栗苞破碎并实现栗苞与栗实分离，继而落入下层筛体进行分选，由于栗苞、栗实、碎屑形体不同，在经过不同规格筛子的作用后分别从 3 个出料口排出机外，从而达到板栗剥苞和栗实自动分选。整个揉搓过程，栗苞受力均匀，分离效果好，破损率低，对栗实的外观影响小。主要技术指标为：栗苞剥净率≥ 99%，栗实破损率≤ 1%，分选率≥ 80%。

●对板栗采摘和堆放处理的要求：板栗剥苞机械化技术是一项综合技术，包括板栗采摘、堆放处理、机械作业三部分。

A. 板栗采摘。必须在栗实生理成熟、能表现出本品种固有的品质特征（色泽、香味、风味、口感等）时进行集中采摘。一般情况下当栗树上有 1/3 以上栗苞变色开裂时，集中采摘最为适宜，采摘时间还要兼顾市场供应要求。采摘应在晴天或无雨的天气进行，雨天、雨后或露水未干的早晨不宜采摘。

B. 堆放处理。对于未开裂的栗苞，采摘后应置于干燥通风、地势较高的场地集中堆放，堆积厚度以 0.5 ～ 0.7 米为宜。为加快栗苞软化开裂，栗苞堆上覆盖稻草，每天洒水一次。堆积期间有一定的后熟作用，可使栗苞中一部分营养转送至栗实中去，使栗子颜色由浅变深，角质化提高，光泽增加。栗苞堆放处理 1 天以上，栗苞软化开裂或栗苞与栗实开始分离后即可进行机械剥苞作业。

●操作规程。操作人员人数一般不少于 3 人，其中栗苞装运、喂入 2 人，栗实清选 1 人。操作人员必须经过相应技术培训，作业前应熟悉了解机器使用说明书。

A. 作业前准备。剥苞作业场地应选择在地面坚实平整的平地，符合操作方便、卫生的要求。在作业场地应选择靠近存放栗苞的位置固定机具，并使机具前后左右尽量水平，无晃动。

B. 对机具进行检查。检查机具各运动部位是否保持良好润滑，各连接件螺母螺钉是否松动，皮带松紧度是否正常。用手扳动皮带轮数圈查看有否碰撞，转子转动方向是否正确。

C. 试运转。当确定机器处于正常状态时即可进行试运转。接通电源，按工作转速运转并投入一定量栗苞试剥，测试剥净率、分选率、破碎率。根据测试结果，对未达到板栗剥苞技术要求的指标，通过对机具的调整使其符合技术要求，作业效果达到技术要求后便可开始工作。

D. 安全作业。栗苞喂入要求均匀连续，防止喂入量过大造成堵塞，或喂入量过小或不连续造成生产率下降。防止将石块、木块等杂物喂入机器内，以免造成机器损坏，不得使用棍棒在机器喂入口推送栗苞。随时注意剥苞作业情况，如发现转速降低、声音异常，应停止喂入，待异常消除后再喂入。

机器发生下列故障时要立即停机检查：轴承过热或堵塞、作业质量不符合要求、其他异常现象，故障排除后方可继续工作。

●效益分析。

A. 社会效益。①能显著提高工作效率。机械剥苞需 3 人共同作业，每小时可以加工出 150 千克（栗实），人均每小时作业 50 千克；而人工剥苞平均每小时只能加工 5 千克，板栗机械剥苞比人工剥苞可以提高 10 倍的工效。 ②板栗机械剥苞能及时出果，有利于抓住商机，实现资源优势向商品优势的转变，增加栗农收入。③有利于改善工作环境，减轻劳动强度，缓解用工紧张的矛盾。

B. 经济效益。板栗剥苞机械化技术与人工剥苞方式相比，不仅能显著提高工作效率，而且能大大降低生产成本，以一台板栗剥苞机的年作业量为例：

年作业量 =150 千克 / 时 ×6 小时 / 天 ×10 天 =9 000 千克（每天作业 6 小时，

每年作业 10 天）

年作业费用 = 人员工资 + 电费 + 机器折旧 + 其他费用 =3 人 ×40 元 /（人·天）×10 天 +1.1 千瓦 ×6 时 / 天 ×10 天 ×0.6 元 / 千瓦时 +1 300 元 /5+50 元 =1 200 元 +39.6 元 +260 元 +50 元 =1 549.6 元（工日值：40 元；工作人员：3 人；配套动力：1.1 千瓦；电价：0.6 元 / 千瓦时；机械使用寿命：5 年；其他费用：50 元）

单位作业成本 =1549.6/9 000=0.172（元 / 千克），目前人工剥苞工时费用为 0.4 元 / 千克，机械剥苞单位降低作业成本 =0.4 元 / 千克 -0.172 元 / 千克 =0.228 元 / 千克。

单机年降低作业成本 =0.228 元 / 千克 ×9 000 千克 =2 052 元。

板栗剥壳机（图 45） 脱去板栗外包刺壳的装置。功率为 1.1 ～ 1.5 千瓦（1 440 转 / 分）。质量：45 千克（含电动机）；体积：50 厘米 ×46 厘米 ×85 厘米。效果：每小时可脱粒 1 000 千克以上，大小粒苞可同时进入机内脱粒并分选，损伤率低。

图 45 板栗剥壳机

糖炒栗子机（图 46） 一般使用燃气作为加热源，自动旋转、自动翻炒、自动出锅，整机采用进口不锈钢板加工成型，滚筒式机器采用滚筒卧式结构，加热均匀，并有保温功能，工作时滚筒不停地旋转，使炒货食品上下、左右、前后、全方位立体翻炒，不会出现粘锅现象。炒货出入锅十分方便，只需按动正反转开关，炒货和小石子会一同出锅，自动分离，迅速快捷。

立式敞口锅

滚筒锅

图 46 糖炒栗子机

七、板栗营销策略

1. 我国果品营销方法和现状如何？

目前，我国果农所采用的果品营销方法基本上有两种：一种是“守株待兔”，就是农民将果品收获以后放在家里，等着客商上门收购；另一种是“提篮小卖”，就是果农走街串巷地自己销售果品。而据专业统计，目前果品营销的方法至少有一千多种。很多大学都专门设有市营销专业，市场营销已成为一门体系化的科学。而农民对诸多的科学方法基本上都不了解，更谈不上掌握和运用。落后的营销方法严重制约了果品的销售和农民增收。

2. 水果营销有哪些新概念？

近年来，水果营销出现了一些新概念，比如果品网店、网络销售、微信销售，等等。

水果产业具有较强的不定性，因此也就有较大的风险性，如果仍然沿用老式的水果营销方式，则有可能为市场所伤害。目前风险性较小的水果营销方式是逐步形成果农、基地、市场之间的链条联系，政府可以建立为果农提供市场信息、资金、价格、运输、储存等方面服务的一体化经营、企业化管理的中介组织。通过中介组织对周边地区及全国各地水果市场行情的观察，精心挑选市场前景，有一定前瞻性的品种作为改良开发推广的对象，巧借地利、交通优势，实现水果品种优良化和种植地域布局。

时令安排合理性的结合，利用各地水果上市的时间差，学会打“短、平、快”，抢占水果市场的空白点。

此外，如今电子商务发展迅速，通过国际互联网多渠道为国产水果寻找出口出路的营销方式也颇有成效。据湖南的一家进出口公司介绍，他们通过互联网，为国产水果找到不少出路。去年，他们从互联网上了解到日本市场上高质量的香蕉十分走俏，于是通过引进技术，对香蕉进行采摘前预处理、采摘、包装、运输等售前投入，成功地将大批高质量的香蕉出口到日本等地。

3. 果品销售中有哪些值得注意的问题？

果品品质差 随着人们生活水平的不断提高，对果品品质的要求越来越高，优质优价正成为新的消费动向。目前我国水果生产整体形势不容乐观，基本上为有产量无质量，想要凭借产量获取高额回报已不太现实，要实现果业高效，必须实现果品优质，实行“优质优价——高产高效”策略。

产品价格竞争力小 构成价格的四要素分别为生产成本、流通费用、租金和利润。受它们的影响，导致我国果品价格波动大，果品不同品种间价格差异很大，还会受需求弹性影响。这样的价格变动造成长期内供的影响加大。所以需要控制好需求指数，使销售量对价格变动过分敏感或反应迟钝，以便更好地促进生产和果品效益均衡协调地发展。

不注重消费者对果品需求的多样化 目前我国水果市场产品相对单一，尤其是北方市场，远远不能满足消费者的需求，水果多样性不仅包括水果品种的多样性，还包括水果衍生出的加工产品的多样性、生产季节的多样性、包装及销售形式的多样性等。做到这些才能激发消费者的购买愿望并建立购买习惯。

4. 果品销售的主要途径有哪些？

品牌营销 当前果业界在品牌建设方面普遍存在的一个问题是，只片面重视把一个产品的商标注册成为品牌，而忽视了对品牌的苦心经营并使之发展成为名牌精品，这是造成我国水果品牌多而杂，但有影响力的品牌少的主要原因。现阶段乃至今后很长一段时间内，果品营销量的大小，很大程度上取决于品牌的经营，“山不在高，有仙则名；水不在深，有龙则灵”。因此，如果我们能静下心来，脚踏实地地对品牌形象进行良好构建，整合和重点培育一批优势水果品牌并坚持苦心经营，营造出名牌果品，必然会成为未来水果市场的赢家。

订单销售 随着市场经济的发展，各地交通也越来越好，全国高速公路网络已基本形成，果品的流通范围也逐渐扩大。经营商为了抓住市场机遇，提高果实质量，在优质产区与果农预先签订购销合同。这就要求购销双方都要严守合同，购方按时按量按价收购，销方按时按质按量提供果品，不得降低标准，不得掺杂使假。或者采用公司 + 合作社（协会）+ 农户的方式进行订单生产与销售。

绿色营销 “绿色”是当今乃至今后果品的“流行色”。为此，我们必须与时俱进，树立绿色营销理念，通过推广无公害果品、绿色果品、有机果品生产技术，不断增加无公害果品、绿色果品、有机果品数量，扩大“绿色”销售。目前我国一部分产区按相应的无公害绿色食品标准进行果园管理、商业栽培、病虫害防治以及果实商业质量控制，已涵盖了绿色营销的经营理念。

知识营销 知识经济时代，使果品经营法则开始发生变化，果品营销活动不再只关注果品销售，更强调为消费者提供水果的营养、保健。在这一背景下，以知识普及为先导，以知识推动市场的营销新思想，应该为精明的水果生产、经营者所注意和接受。例如，名不见经传的冬枣那年走俏上海，成为上海果市“新宠”，一个很重要的原因，就是通过知识普及，人们对鲜食冬枣有了新的认识：清香甘甜，脆爽透心，富含多种矿物质，维生素 C 含量是苹果的 80 倍……可以预见，随着知识经济时代的到来和发展，知识营销必将无处不在。为此，通过报纸、电视等媒体宣传普及水果的营养、保健知识，对促进果品销售稳步增长无疑具有重要意义。

包装营销 人靠衣装，物靠精装，只有重视包装，并将其作为产品参与市场竞争的重要环节来抓，才能打造出进入大市场、大超市、大商场以及海外市场的知名果品品牌。包装是门科学和艺术，产品包装有创意才能畅销市场。如湖北省秭归脐橙在经过精心包装并在外包装上印上三峡风光后，不仅在市场上非常畅销，而且售价立即增加到 30 ～ 50 元 / 千克。我国果品包装目前相当滞后，不少果品“赤膊上阵”。因此，我们必须注意包装的重要性，树立包装营销理念，对包装不仅要有一个好的定位，而且要有一个好的名称，要有一个好的商标，要有一句好的广告词。

会展营销 会展营销是指通过展会这个平台，展示展销产品，进行贸易洽谈。所以要推动果品销售，展会是一个非常好的平台，它可以产生非常巨大的效益。比如福建某地级市果品销售一直不温不火，于是召开了首届果品展销会，在整个展销会期间，销售各类果品 100 万千克，销售额近 200 万元，并签订果品供销合同16份，交易量达6 500万千克，交易额19亿元；达成果品供销意向21份，交易量达2 010万千克，交易额3 600万元，会展营销的重要性由此可见。因此，我们一方面要坚持办展，另一方面要鼓励更多的果农、果品营销企业参展。可以预见，随着我国会展业的不断壮大发展，会展营销必将成为促进我国果品销售的又一道亮丽的风景。

旅游营销 旅游营销是指把果品营销和当地的旅游资源结合起来，以旅游搭对路，旅游观光—休闲果品—果品销售。生活水平达到一定程度后，每个人都期望旅游，旅游营销以观光拨动消费者的心弦，让消费者乐呵呵地掏钱尝果，如湖北省罗田县就演绎出了旅游营销的精彩篇章。罗田县作为"中国板栗之乡"，自1999年开始，每两年举行一届"罗田板栗节"，已成功举办了10届板栗节，努力打造"中国栗都"、"全国板栗第一县"品牌，有力地推动了全县经济和社会事业快速发展。罗田县的做法，无疑值得我国各地，尤其是一些出现卖果难的产区借鉴。我国旅游资源丰富，开展旅游营销具有不少优势，但旅游营销与当地政府的引导和扶持是紧密相关的，需要政府重视，各方面支持。

特色营销 特色营销是指利用具有独特品位和风格的产品来吸引消费者，满足消费者的猎奇心理，达到促销目的。消费者特别是新成长起来的年轻一代，猎奇心理较强，往往把果品是否具有特色（独特品种、品味、保健功能）作为购买的一个重要标准。为此，果品生产者、经营者必须树立特色营销理念，充分利用各自的地域、人文等特色来推介果品，提升销售业绩。我国具有地域特色的果品众多，如迁西板栗、信阳板栗等，这些果品都是在特定的地理位置、水土、气候和栽培技术等条件下生产出来的，具有特殊风味和优良品质，在市场上具有唯一性。因此，生产者、经营者应充分发挥这种独一无二的优势来促进果品销售。同样，我国具有人文特色的水果也不少，如在《吐鲁番的葡萄熟了》这首歌曲唱红大江南北的同时，吐鲁番的葡萄也跟着销到了全国各地；又如"荔城无处不荔枝"（郭沫若题写）这一诗句脍炙人口，莆田市荔城区的荔枝也跟着声名鹊起。因此，生产者、经营者也应充分挖掘历史与文化资源，利用文化（人文）搭台、果品唱戏的形式推销果品。

网络营销 随着信息时代的到来和电子商务的发展，水果营销出现了渠道创新，其一便是利用互联网进行网络营销，网络当起了"市场红娘"。互联网互动式即时交流，可以打破地域限制，进行远程信息传播，面广量大，其营销内容翔实生动，图文并茂，可以全方位地展示品牌果品的形象，提高知名度，为潜在购买者提供了许多方便。目前，我国已有众多水果产区、企业和个人在互联网上注册了自己的网站网店，对产品进行宣传、推广和网络销售。可以预见，随着电子商务的进一步发展，网络营销将成为水果市场上一种具有相当潜力和发展空间的营销策略。

事件营销 事件营销是指通过“借势”和“造势”来提高果品的知名度、美誉度，在市场上树立品牌的竞争优势，以达到促销目的。水果市场的事件营销可分为以下五策。

●名人（领导）策略。即利用名人（领导）带队，以名人（领导）的影响力去提高产品的知名度，赢得消费者对产品的青睐。如台湾省 2008 年为解决甜柿价低卖难问题，台湾地区领导人马英九亲自出面，在媒体、电视上推销甜柿，并自掏腰包当场买了 18 盒，一下就打开了台湾甜柿的销路，提高了甜柿的价格，在内地一线城市和福建等地也打开了市场。

●荣誉策略。即利用产品被授予的荣誉称号（如中华名果、名牌产品、无公害农产品、金奖等）开展宣传活动，吸引消费者和媒体的眼球，以达到传播的目的。

●娱乐策略。即经营行为从娱乐切入，让人感到轻松有趣，拉近产品与消费者的距离。如美国新奇士公司牵手迪士尼在深圳上演的“迪士尼 100 周年奇幻冰上巡演”项目，就使娱乐事件和产品销售达到“双赢”。

●新闻策略。即利用社会上有价值的新闻，不失时机地将其与自己的品牌联系在一起，以达到借力发力的效果。

目前，事件营销理念在我国还比较落后，因此，要充分认识事件营销的重要性，树立事件营销理念，提高利用“事件”促销果品的能力。

诚信营销 诚信是市场经济的基本信条，只有注重信誉的生产者、经营者，才能在市场竞争的多次博弈中获得最大利益。消费者要求的是品牌水果质量可靠，货真价实。在水果产业进入全面的整体素质竞争的今天，生产者和经营者如果仅仅局限于推出一个品牌，依靠品牌争取消费者，一旦品牌水果质量参差不齐，没有真正按标准或者宣传的口号销售，就会使消费者感到困惑和反感，让生产者、经营者失去市场口碑。另一方面，对极少数以次充好、以假充真、短斤少两的经营者，很难设想还能有效地吸引消费者，只能是自断财路。为此，广大果品生产者、经营者必须树立诚信营销理念，做到货真价实，兑现承诺，童叟无欺。做人讲诚信，做事讲诚信，把自己当作一个品牌来经营，树立良好的口碑，诚信会为你的水果事业书写一个新篇章。

5. 板栗产品有哪些营销策略？

果品销售不仅要按照市场要求，调整品种结构，而且要根据市场的变化，调整营销策略。要研究板栗以什么品种、何种规格、什么形式、哪种价位进入市场，既能卖得出，又能卖出好价钱。

果品销售要提早做出市场预测及规划，不要等果熟才寻找出路，不然又将望果兴叹。

高品质化策略 随着人们生活水平的不断提高，对果品品质的要求越来越高，优质优价正成为新的消费动向。要实施果业高效，必须实现果品优质，实行“优质优价—高产高效”策略。把引进、选育和推广优质果品作为抢占市场的一项重要策略，淘汰劣质品种和落后生产技术，打一个质量翻身仗，以质取胜，以优发财。

低成本化策略 价格是市场竞争的法宝，同品质的果品，价格低的竞争力就强。生产成本是价格的基础，只有降低成本，才能使价格竞争的策略得以实施。要增强市场竞争力，必须实行“低成本—低价格”策略，依靠新技术、新品种、新工艺、新机械，减少生产费用投入，提高产出率；要实行果品的规模化、集约化经营，努力降低单位产品的生产成本，以低成本支持低价格，求得经济效益最高化。

大市场化策略 果品销售要立足非产区，关注身边市场，着眼国内外大市场，寻求销售空间，开辟空白市场，抢占大额市场。开拓果品市场，要树立大市场观念，定准自己果品销售地域，按照销售地的消费习性，生产适销对路的产品。

多品种化策略 果品消费需求的多样化决定了生产品种的多样化，一个产品不仅要有多种品种，而且要有多种规格。引进、开发和推广一批名、特、优、新、稀品种，以新品种，引导新需求，开拓新市场。要根据市场需求和客户要求，生产适销对路、各种规格的产品。要遵循“多品种、多规格、小批量、大规模”策略，满足多层次的消费需求，开发全方位的市场，提高综合效益。

加工化策略 发展果品加工，既是满足市场的需要，也是提高附加值的需要，发展以食品工业为主的加工是民办果业发展的新方向、新潮流。世界发达国家果品的加工品占生产总量的80%，加工后可增值200% ～ 300%；我国加工品只占生产总量的25%，增值只有30%；我国果品加工潜力巨大。应瞄准国内外城市市场，对果产品进行系列化加工开发，发展初加工、深加工和精加工，提高竞争力，提高果品的附加值。

标准化策略 我国加入世界贸易组织多年，果品在国内外市场上存在强大的竞争。提高竞争力，必须加快建立标准化体系，实行果品的标准化生产经营，制定完善一批产前、产中、产后的标准，以标准化的产品争创名牌，抢占市场。

名牌化策略 因果品买方市场的形成，消费者挑选的余地加大，市场竞争越来越集中于品牌竞争，要以名牌产品开拓市场，名牌成为开启市场的一把金钥匙。果品要实施名牌化策略，搞好创牌工作；①要提高质量，提升品位，以质创牌。②要搞好包装，美化外表，以面树牌。③开展商标注册，叫响品牌名称，以名创牌。④加大宣传，树立公众形象，以势创牌。

6. 板栗市场营销面临的问题有哪些?

当前我国板栗生产虽然呈现良好的发展势头，但也出现了一些不容忽视的矛盾和问题，突出表现在五个方面：①经营服务跟不上，产业经营中的资金、物资、信息服务，以及经营体制的改革、完善服务等都显得十分乏力，分散的小生产束缚得不到有效解脱，专业化、规模化、产业化经营得不到应有的发展。②科技服务体制不适应，服务体系不健全，供求矛盾突出，农民所需的科学技术得不到满足，栗园劣质低产品种栽培面积大、科学管理水平低的问题长期得不到有效解决。③市场建设滞后、发育迟缓，产销矛盾日益突出，栗农卖栗难、栗商买栗难的矛盾屡见不鲜。④市场管理不规范，市场环境不好，抬压价格、滥收滥罚、乱设关卡等闭市行为时有发生。⑤产业龙头举得不高，产业化经营发展艰难，板栗的支柱产业优势不能得到有效发挥。这些矛盾和问题的存在，严重地挫伤了栗农的生产积极性，阻碍了科学技术向生产力的有效转化，浪费了板栗资源，降低了经营效益，危及了板栗产业的支柱地位。就板栗营销工作而言，主要存在以下问题。

品牌意识较差，市场意识不强 在市场经济条件下，农业产业化经营必须以市场为导向，板栗生产企业（组织）必须参与市场竞争。市场竞争是产品竞争，产品竞争是质量竞争，而质量竞争往往是通过品牌竞争来实现的。牌子（品牌）是企业的信用，是企业赖以生存的基础，是企业在市场经济中竞争能力的综合表现。但在现实中，我们许多板栗生产者（企业）不注重产品的质量（品质），生产集约化程度较低，有些地方仍然以野生林为主，品种混杂，植株高矮不一，产量高低差异很大，栗实大小、色泽、品质不同，因而板栗商品价值低。同时有质量优势的地方不注重树立自己的品牌，导致板栗生产效益低，市场竞争能力弱。

缺乏有效的市场销售网络 果品流通体制改革后，国有果品公司经营量逐年下降，已失去主渠道的作用。据全国供销系统调查，1995 年其经营量仅占社会购销量的 10%左右。由于一些生产者仍然以生产为导向，不注重市场开拓，导致板栗销售不畅。一些生产者（企业）几乎没有自己的市场网络，要么坐在家里等客上门，要么只能提篮小卖。从生产者到消费者的流通环节或者受阻，或者被中间环节垄断，板栗利润被中间环节剥夺。板栗生产缺乏市场销售网络，使生产者（企业）不能快速准确地了解和掌握市场真实需求信息，产品销售受制于人，直观感觉是销售太难，生产者（企业）的经营效益不高（被中间环节盘剥），影响板栗生产持续发展。

板栗加工和储藏能力差，制约着营销能力的提高 20 世纪 90 年代以来，我国城乡居民食品消费额占消费性支出总额的比重（即恩格尔系数）逐年下降，1996 年为 48.6%，比 1995 年降低 1.3%。但人们每年的食品开支费用绝对数却不断上升。居民的食品消费方式从传统的以家庭自我料理为主向省时省力的社会化服务发展。各种成品、半成品、速冻食品、快餐食品、天然食品、保健食品已越来越多地进入人们的餐桌。1996 年全国食品业产值达到 4 741 亿元，居国内各工业部门之首。对农产品进行加工已成为一股世界潮流，现代西方发达国家 90%的农产品都是加工成制品，非农人口基本上都消费加工成品。而我国目前所生产的水果中只有 5%被加工成制品，绝大多数为鲜果销售，板栗更是如此。加上板栗储藏能力较差，使板栗的周年营销受到影响，更不利于建立稳定健全的市场销售体系。由于板栗储藏加工能力较差，深加工品种较少，因此，板栗的营销市场相对狭小，特别是出口贸易量偏小，与世界产栗大国地位极不相称。

信息体系不完善，缺乏行业整体优势 信息的流通在市场竞争中起着重要作用。板栗实品流通在一定程度上已成为制约我国板栗生产发展的瓶颈。然而，目前我国众多板栗生产者（企业）不重视市场信息的收集、整理、传递和分析，没有完整的板栗生产与市场信息体系，不能运用市场信息有效地对板栗的生产与经营进行指导。生产者之间，各地之间，由于彼此缺乏信息交流，联合和协作相对减少了，各地为了增加自身的经济效益互相压价销售，自相竞争，板栗业的整体优质不能发挥，整体效益降低。如果不解决这个问题，加上板栗储藏加工能力不足，导致板栗生产发展滞后，将会出现像苹果一样的上市时间过于集中，流通不畅，局部滞销，价格下降，果农增产不增收的局面。

产生这些矛盾和问题的根源，主要是来自生产经营中的各项服务没有跟上。由此可以看出，服务在板栗生产经营中的重要性。我们要在板栗的生产经营过程中，运用各种服务手段，协调好生产经营中的各种关系，解决好各种需求矛盾，注入好各种生产要素，保持生产经营运行生机，促使生产经营运行顺利，达到预期的目的和期望的效果。

板栗产品销售服务体系，是板栗生产经营的产后服务体系，是以工商行政管理部门为依托，以市场主管部门为核心，以各级各类经营组织和经济实体为基础而组成的销售服务网络。其主要任务是，搞好各级各类板栗市场的建设、使用和管理，组织各个经营单位和经济实体参与板栗产品的收购和销售。板栗产品销售是板栗生产活动的终结，是栗农生产经营目标的最终实现，也是栗农和市场经营者、消费者最为关切的问题，搞好销售服务极为重要。因此，各级政府都要有专门的市场服务领导指挥机构，组织工商、林业、公安、交通、物价、税务和技术监督等有关行政职能部门，加强市场运行的检查、监督和指导，协调好产销关系，维护好市场秩序，搞活市场交易，为栗农和市场提供优质服务，以促进板栗生产稳步、持续发展。

7. 怎样提高板栗市场营销能力?

随着我国市场经济的发展和农产品市场的国际化加剧，中国板栗业面临着更为激烈的市场竞争。因此，采取有效措施，提高板栗业市场营销能力至关重要。

创立名牌 树立名牌观念，制定板栗名牌战略。通过创名牌，不仅有利于提高板栗产品质量的总体水平，而且有利于促进板栗生产组织（企业）提高企业管理素质、技术素质和人才素质；同时，通过制定板栗名牌战略，还可以优化农村社会资源配置，优化产业结构，促进板栗加工技术进步。要像办工业那样办板栗业，把工业企业创名牌的生产经营之道移植到板栗业生产经营中来，促进板栗业健康发展。

要对优质板栗实施商标化销售策略，板栗生产与经营龙头企业要有强烈的商标意识，及时依法办理国内外商标注册，并逐步用商标名称来统一企业与果品名称。用商标来保护优质板栗实品，用商标来扩大市场份额，用商标来启动板栗名牌创立。

创名牌是振兴板栗产业经济的一个突破口，通过创名牌，不仅有利于提高板栗产品质量的总体水平，而且有利于促进板栗生产组织。提高企业管理素质、技术素质和人才素质。同时，通过制定板栗名牌战略还可以优化农村社会资源配置，优化产业结构，促进板栗生产技术进步。

加大科技投入，培育优良品种 加大科技投入，解决好育种、栽培、加工、流通各环节的问题。面对市场需求，开展板栗主栽品种的优质、高产、新品种的选育与推广。建议各产区尽快在本地的当家品种中选出适宜当地生长、产量高、品质好、抗性强的优良品种。开展不同成熟期品种以及加工专用品种的选育，平衡各季节的果品供应，充分发挥我国板栗产量大、品质优良的优势，增加出口创汇。同时要提高板栗优良品种的品质。板栗多产在山区，产地没有工厂、污水及放射性物质等污染，符合无公害果品（绿色食品）的生产环境标准。因此，要协调板栗生产经营与其他生产的关系和各种矛盾，确保板栗生产环境质量不再下降。适应人们对无公害食品的需求，大力开发无公害板栗生产技术。

开发新产品 板栗实品储藏保鲜、深加工是板栗增值的核心和关键，是实现果品消费由“吃”原料到消费（喝）制成品转变的关键。发达国家果品消费方式除鲜食外，还以果酒、果汁、果干、果冻、果酱、蜜饯、罐头、果粉等加工产品的方式消费。因此，要加强优势板栗的储存、保鲜、加工技术的研究，对板栗进行精细深度加工、多层次综合利用，建立系列化的板栗加工体系，重点发展板栗鲜果储存、浓缩鲜果汁、果汁饮料、果冻食品、果粉添加食品、速冻栗肉、清水栗肉加工技术，扩大板栗实品消费市场，增加出口，促进果品的增值，增加果农收入。

拓宽市场，建立健全产销服务体系 果品生产发展到一定阶段，销售成为主要问题。美国、日本等就有许多果品销售的专门机构，同时借助于新闻媒介广泛宣传优质果品的味美适口、外观艳丽、营养保健的特点，以增加销售量。应建立健全集技术咨询、信息指导、产品销售于一体的板栗产销全程服务体系。服务体系应注重优质新技术、优良新品种的引进与推广，搜集板栗市场信息，开拓优质板栗销售市场，指导优质板栗基地生产，使各地优质板栗产品获得最大的经济效益。

要加快多功能、大容量、全方位的优质批发市场体系建设。果品批发市场应具有商品集散、信息传递、分销、交易结算等多种功能。要依托优质生产基地，兴建产地市场，建立无运距或短运距的产品集中市场，特别是要建立具有跨产区、跨行政区域的产品集散市场；千方百计开拓消费者市场，建立城市“窗口”直销体系，在主要消费地区设立销售网点，形成产地与销地、农村与城市相结合的，以批发市场为主体的市场体系。

建立板栗业信息服务体系。有关部门应委托大专院校或科研机构成立专门的板栗业市场研究机构，聘请市场研究专家就板栗生产与销售提出建议。通过各种形式和新闻媒介，设立上下贯通、功能齐全的板栗信息预测预报系统，使板栗业的市场信息搜集、整理、传播在全国形成纵横交错的网络，为生产部门、销售部门、管理部门提供决策参考，为稳定市场价格、制定合理的发展战略和指导生产提供科学依据。

在板栗主要生产区建立板栗优质种苗繁育基地，扩大良种覆盖面，有步骤地实施“引、育、繁、推”一体化。发展板栗专业合作社，建立以林技（果树技术）推广中心为依托，以板栗专业合作社、协会为纽带的板栗生产全程科技服务体系。

龙头带动 按照现代企业制度改造板栗生产与经营龙头企业。龙头企业是板栗生产与经营的生力军，是农户与市场之间的桥梁。因此，要把提高龙头企业的经营管理水平纳入板栗业整体发展的议事日程。要明确龙头企业的产权，大力发展股份制企业；龙头企业要以市场为导向，以销定产，注意研究和解决优质板栗生产和销售的结合点与矛盾点，根据市场变化调整经营与市场竞争策略；强化内部管理，堵塞效益流失的漏洞；加强板栗产品经销队伍的建设，通过培训等方式提高经销队伍的业务素质；大力发展产地经销企业。

培养经纪人 培养壮大栗农经纪人队伍，扩大板栗销售。经纪人队伍的培养与出现，对扩大优质板栗对外宣传和国际国内销售发挥着重大作用。近年来，每逢板栗采收后，各地都有栗商从事板栗营销工作。除国有外贸、供销社、商业等部门专营完成国内外贸出口任务外，这些人长期活跃在北京、天津、上海、哈尔滨、西安、武汉、郑州、广州、大连等 30 多个大中城市，每年可直销板栗上万吨，既实现了自己致富，还带动了当地板栗销售。

8. 什么是高档果品?

什么样的水果才称得上是高档水果呢？大致有这么 4 个方面标准：①品质上乘，口感好。②达到无公害、绿色或者有机食品标准。③非常新鲜。④外观漂亮，无病虫害。

9. 如何签订板栗销售合同?

板栗销售的经营合同主要包括果实销售、加工品销售、苗木销售及一些特殊产品的销售。合同的订立要符合国家颁布的合同法，这里对在销售中经常用到的法律条款予以列举。

在板栗生产过程中，要进行栗实销售、苗木购置或销售以及其他经营活动，下面仅举几个例子。

栗实买卖合同

第一，双方当事人的名称或姓名、住所。如：

甲方（或供方）：×× 省 ×× 县 ×× 乡板栗协会

乙方（或需方）：×× 果品销售责任有限公司

第二，产品的名称。如大板栗、油栗等，也可以具体到品种，如豫罗红、确红、红油栗等。

第三，产品的数量。如多少千克（吨）、多少箱（千克 / 箱）或全园包销（制定面积）。

第四，产品的质量。产品的质量由当事人双方协商确定或按国家标准、部颁标准、行业标准执行，也可以凭买方样品交易。质量包括以下内容：①规格指标。如果实大小（重量或横径）、果形、着色程度、果面状况等。②理化指标。如果实硬度、可溶性固形物、总酸量等。③卫生指标。如某些农药残留，果面无大肠杆菌等。双方可协商抽查比例。

第五，产品的包装。是卖方提供包装物，还是买方提供包装物要明确，包装物用木箱、纸箱或塑料箱，质地、是否分层、用纸板或泡沫塑料，果实是否用塑料网套、规格，包装箱通气孔多少等，都要讲清楚。

第六，产品的价格。价格由双方协商确定。

第七，预订金。种植者或果品组织者可以向经销商提出果实订购的预订金，额度由双方协商确定，但不超过合同标的额的20%。给付定金的一方不履行合同的，无权请求返还定金，接受定金方不履行合同的，应当双倍返还定金。

第八，交货地点和时间。约定是买方到产地装货，还是买方在某地接货，明确交付或提货期限（因气候影响早熟或晚熟的，交货日期经当事人双方协商，可适当提前或推迟）。

第九，付款方式。应明确规定货款的结算方法和结算时间，如产品装车后即一次性付清货款，通过银行汇款。现金结算往往容易出现假钞。也可以在确认对方信誉，有付款能力时，给一定额度的赊销。

第十，违约责任。对买卖双方都要进行约束，一旦违约，应承担双方协定的违约责任；没有明确约定的，按国家法律执行。如供方果品数量少于合同规定的数量，或把果品卖给了原合同外的另一方，或在产品中掺杂使假，以次充好等，供方应按合同法规定，赔偿需方的损失。需方违约，如不按时按量提取产品，或无故拒收产品，或不按合同规定期限付款等，需方应按合同规定，赔偿供方的损失。

苗木购销合同

第一，双方当事人的名称或姓名、住所。

第二，板栗苗木品种数量和价格，每个品种多少株，如何包扎，每扎数量如何。

第三，苗木规格和质量，苗木类型是1年生苗、2年生苗、半成品苗，高度、粗度，枝条成熟度、芽的饱满度、根系数量和长度、无检疫性病虫害（或特别提出某种病虫害）。

第四，苗木品种纯度。

第五，预订金和苗款结算方式。

第六，取苗时间、地点。

第七，运输方式，如邮寄、火车托运、汽车运（自运或送货）、空运等。

第八，技术服务，是否需要技术服务，多少次，是无偿还是有偿，服务费是多少等。

第九，特殊约定，如品种保密，不准育苗出售等。

第十，违约责任。

附录

附录1　板栗丰产栽培周年管理工作历

物候期	主要管理作业内容		
	地下管理	地上管理	病虫害防治
休眠期（12月至翌年2月）	1. 深翻改土：结合深翻施入基肥。以有机肥为主，适量混入磷钾和硼肥 2. 水土保持：山地栗园修整梯田、鱼鳞坑等水土保持工程 3. 扩穴：从栽植的第二年开始，3～4年完成扩穴任务 4. 整地：12月底以前完成整地挖穴任务，以利风化	1. 冬剪：幼树整形修剪，采用低干、矮冠、自然开心等树形，培养3～4个主枝，外围掌状枝见五截二，见三截一；成龄树修剪，去弱留强，每平方米留结果母枝8～12个 2. 采集良种接穗：结合修剪，收集良种接穗，沙藏或蜡封后备用 3. 低产园改造：采用逐年更新、大更新或截干的方法进行低产园改造	1. 虫情测报：做好淡娇异蝽、栗瘿蜂、红蜘蛛、桃蛀螟、栗实剪枝象等病虫害的预测预报工作 2. 剪除病虫枝：将病虫害枝剪除，清出栗园，集中深埋或烧毁 3. 种苗检疫：加强对苗木、种子、接穗的检疫工作，防止危险性病害带入新区 4. 树干涂白：用白涂剂涂抹栗树树干
3～4月	1. 追施雌花分化肥：3月底或4月初施尿素、复合肥或板栗专用肥0.2～0.5千克/株，山地栗园可趁墒深施 2. 灌水：结合施肥和土壤墒情，适时灌水，确保栗树健壮生长 3. 间作：间作中药材或低秆农作物	1. 高接换优：采用插皮接、插皮舌接或劈接等方法进行高接换优和树体改造，接后注意除萌，新梢长到30厘米时摘心，绑防风支架 2. 培育嫁接苗：嫁接适期为萌芽前后20天 3. 腹接补枝：内膛空虚的大树，在骨干枝光秃部位腹接补枝	1. 淡娇异蝽：4月上旬若虫上树后，喷洒90%敌百虫晶体1 000倍液防治 2. 栗瘿蜂：剪除虫瘿；保护利用天敌；用40%氧乐果乳油抹树干，或树冠喷洒50%杀螟松乳油1 000倍液 3. 栗疫病：刮除病斑，深达木质部；用10%402抗菌剂400～500倍液加0.5%菌毒清涂抹病部，刮下的组织集中烧毁

续表

物候期	主要管理作业内容		
	地下管理	地上管理	病虫害防治
5～6月	1. 追施坐果肥：施尿素或复合肥 0.5 千克 / 株 2. 松土除草：加强抚育管理，适时松土除草 3. 灌水：结合施肥和土壤墒情，及时浇水 4. 间作：间作绿肥、豆类或早秋作物	1. 嫁接后管理：及时除萌，适时解绑，设防风柱 2. 摘心：幼树、高接换优树和低产林改造树，新梢长到 30 厘米时摘心 3. 疏雄：疏雄量 90% 4. 摘果前梢：果前梢留 4 片叶摘心 5. 叶面喷肥：5、6 月各喷一次，浓度为 0.5% 的尿素溶液	1. 金龟甲类：利用成虫假死性进行捕杀；喷石灰多量式波尔多液；树冠喷药和地面喷药相结合进行防治 2. 剪枝象甲：利用成虫假死性进行捕杀；收集被害栗苞深埋或烧毁；喷 90% 敌百虫晶体 1 000 倍液防治成虫 3. 栗红蜘蛛：药剂涂干；越冬卵孵化后，喷洒 20% 螨死净悬浮剂 3 000 倍液或 5% 尼索朗乳油 2 000 倍液防治；保护和利用天敌昆虫
7～8月	1. 追施果实膨大肥：施尿素、硝酸钾各 0.3 千克 / 株 2. 松土除草：适时中耕、松土除草 3. 灌水	1. 摘心：7 月中旬以后停止摘心 2. 清理果园：清理园内杂草杂灌，准备采收	1. 桃蛀螟：利用黑光灯和性信息激素诱杀成虫；选用短效农药或有内吸作用及仿生合成农药进行防治 2. 栗实象甲：利用成虫假死性进行人工捕杀；地面喷药 5% 辛硫磷颗粒剂毒杀成虫
9～10月	秋施基肥：10 月底按每产 1 千克栗实施入 5 千克有机肥，并混入适量的磷、钾肥，开沟施入	采收：当栗苞表面变黄，有 50% 栗苞开裂时可一次采收	1. 栗实象甲：将采收的栗苞集中脱粒，诱杀脱果越冬幼虫 2. 桃蛀螟：采收时及时脱粒，防止幼虫蛀入坚果；用溴甲烷熏蒸栗实，杀死幼虫
11月	1. 深翻改土 2. 施基肥 3. 修整水土保持工程 4. 建园整地	清理栗园：清除枯枝落叶，深埋或烧毁，减少病虫源	1. 防治栗实腐烂病：栗实储藏时用 0.05% 2,4- 滴与 70% 甲基硫菌灵可湿性粉剂 500 倍液浸果 3 分，可防治腐烂；定期检查，发现问题，妥善处理

附录2 无公害板栗卫生安全质量指标

项目	限量指标（毫克/千克）	项目	限量指标（毫克/千克）	项目	限量指标（毫克/千克）
砷（以As计）	≤0.5	甲基对硫磷	不得检出	氰戊菊酯	≤0.2
汞（以Hg计）	≤0.01	克百威	不得检出	三氟氯氰菊酯	≤0.2
铅（以Pb计）	≤0.2	水胺硫磷	≤0.02	氯菊酯	≤2
铬（以Cr计）	≤0.5	六六六	≤0.2	抗蚜威	≤0.5
镉（以Cd计）	≤0.03	DDT	≤0.1	三唑酮	≤1
亚硝酸盐（以$NaNO_2$计）	≤4.0	敌敌畏	≤0.2	克菌丹	≤5
硝酸盐（以$NaNO_3$计）	≤400	乐果	≤1.0	敌百虫	≤0.1
氟（以F计）	≤0.5	杀螟硫磷	≤0.4	除虫脲	≤1
铜（以Cu计）	≤10	倍硫磷	≤0.05	氯氟氰菊酯	≤0.02
马拉硫磷	不得检出	辛硫磷	≤0.05	三唑锡	≤0.2
对硫磷	不得检出	百菌清	≤1.0	毒死蜱	≤1
甲胺磷	不得检出	多菌灵	≤0.5	氧乐果	不得检出
久效磷	不得检出	氯氰菊酯	≤2.0	溴氰菊酯	≤0.1

附录3 栗实外观等级规格指标

项目		特级果	一级	二级
基本要求		果实完整良好，新鲜整洁，具有本品种成熟时的色泽，无病果、虫果，无异味，无不正常外来水分，果实充分发育成熟，具有本品种应有的特征，果实安全卫生		
果形		端正	端正	允许有轻微的凹陷或突起
单果重		（7.14~10.00）克 / 粒 （100~140）粒 / 千克	（6.25~7.14）克 / 粒 （141~180）粒 / 千克	6.25 克 / 粒以下 每千克 180 粒以上
果面缺陷	刺伤	无	无	无
	碰压伤	无	允许轻微碰压伤不超过 0.1 平方厘米	允许轻微碰压伤不超过 0.2 平方厘米
	磨伤	无	允许轻微磨伤，总面积不超过果面的 1/30	允许轻微磨伤，总面积不超过果面的 1/15
	灼伤	无	允许轻微日灼，总面积不超过 0.2 平方厘米	允许轻微日灼，总面积不超过 0.4 平方厘米
	虫伤	无	允许轻微虫伤，不超过 2 处	允许轻微虫伤，不超过 3 处
	允许度	一级果不允许超过上述 2 项缺陷，二级果不超过 3 项		